Zu diesem Buch

Der Wunsch nach einer für den Sportschiffer geeigneten Aufgabensammlung zur terrestrischen Navigation war der erste Anlaß zu diesem Buch. So habe ich in Teil 2 (Seite 64 ff.) zehn durchgehende Navigationsaufgaben unterschiedlicher Schwierigkeit, wie sie in theoretischen Prüfungen oder der Praxis vorkommen können, zusammengestellt. Ihre detailliert ausgeführten Lösungen finden sich in Teil 3 (Seite 75 ff.), wobei jeweils ein Kartenausschnitt das Ergebnis der Kartenarbeit wiedergibt.
Doch „Terrestrische Navigation – Übungen und Aufgaben" ist mehr als eine herkömmliche Aufgabensammlung. Denn im 1. Teil dieses Buches finden Sie eine Zusammenstellung thematisch geordneter Übungen. Das heißt, ich habe die Materie der terrestrischen Navigation in 12 Problemkreise aufgeteilt – angefangen bei der Bezeichnung des „Schiffsortes" bis hin zu „Peilungen bei Windabdrift oder Strom". Jeder dieser 12 Abschnitte beginnt mit einer knappen aber präzisen Kurzfassung eines Teilproblems zur Wiederholung und wird fortgesetzt mit speziellen Übungen zu diesem Problem und ihren Lösungen. So kann jeder vor einer Prüfung für den Sportbootführerschein oder den Segelführerschein BR, für das Sportseeschifferzeugnis oder den BK-Schein – und natürlich auch danach – gezielt seine speziellen „Wissenslücken" schließen.
Ohne jede navigatorische Kenntnis sollte dieses Buch allein nicht verwendet werden; es dient vielmehr als Ergänzung zu navigatorischen Lehrbüchern, in denen das praktische Üben in der Seekarte zu kurz kommen muß. Ich habe deshalb jeweils zu Beginn der 12 Abschnitte auf die ausführliche Behandlung des Themas in meinem Buch „Segelführerschein BR – Vorbereitung zur theoretischen Prüfung" verwiesen.
Noch ein Wort zur Arbeitsgenauigkeit: Ich halte es für wenig sinnvoll, auf Zehntel Grade genau rechnen zu wollen. Zu sehr weicht die Praxis etwa des Steuerns bei Seegang von derartigen Vorstellungen ab. Um andererseits zu große Variationen in den Ergebnissen zu vermeiden, habe ich Kurse, Deviationswerte etc. soweit wie möglich auf $\pm$ 0,5° genau abzulesen bzw. zu interpolieren versucht.
Alle Übungen und Aufgaben sind in der Seekarte D 30 zu lösen („Kleine Berichtigungen" bis zum 13. 7. 1974), die bei den Amtlichen Vertriebsstellen des DHI (Anschriften s. Seite 99) als Übungskarte verkauft wird. Die wiedergegebenen Kartenausschnitte sind also nicht als Arbeitsunterlage gedacht, sondern dienen lediglich Ihrer Kontrolle.

Inhalt

Axel Bark

Terrestrische Navigation Übungen und Aufgaben

2. durchgesehene Auflage

Verlag Delius Klasing + Co
Bielefeld

ISBN 3-7688-0229-9

Printed in Germany 1977
Graphische Gestaltung und Zeichnungen:
Françoise Pierzou
Einband: Siegfried Berning

Ausschnitte aus der amtlichen nautischen Literatur werden mit freundlicher Genehmigung des Deutschen Hydrographischen Instituts wiedergegeben. Die Tabelle *Höhenwinkel in Minuten* wurde mit freundlicher Genehmigung dem Sammelwerk *Fulst, Nautische Tafeln* entnommen.
Druck: Kunst- und Werbedruck,
Bad Oeynhausen-Eidinghausen

Teil 1: Übungen

1 Der Schiffsort

vgl. Segelführerschein BR, S. 10, 89

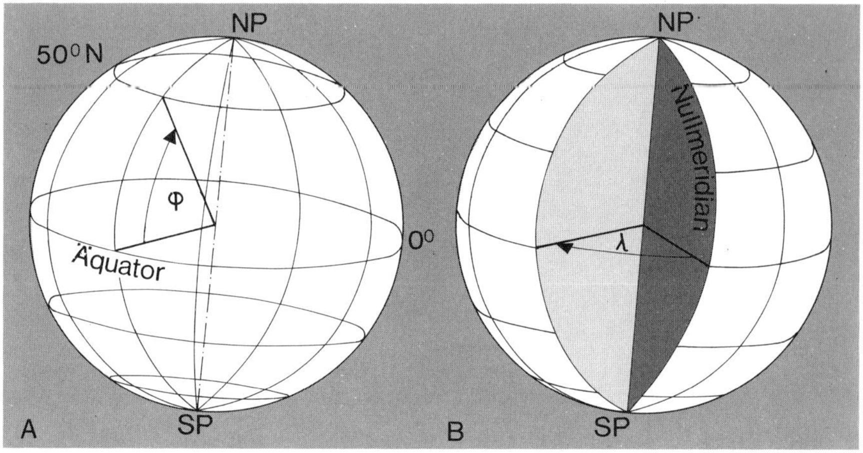

Merke: **Der Schiffsort (= Position) wird angegeben durch seine**
- **geographische Breite φ und**
- **geographische Länge λ.**

Hierbei ist die **Breite** φ gleich dem am Erdmittelpunkt gemessenen Winkel zwischen Äquator und unserem Standort (Abb. A). Am Äquator ist φ also 0°, an den Polen 90°.
Bei uns haben natürlich alle Orte nördliche Breite, da sie nördlich vom Äquator liegen; südlich des Äquators findet man Orte südlicher Breite.

Die **Länge** λ ist der Winkel zwischen dem durch Greenwich verlaufenden Nullmeridian und dem Meridian des Standortes – gemessen an der Erdachse (Abb. B). Der Nullmeridian selbst hat also eine geographische Länge von 0°.
Östlich vom Nullmeridian hat man Orte östlicher Länge, westlich davon Orte westlicher Länge.

Zum Beispiel: *Die Position des Leuchtturms Kiel lautet:*
φ = 54° 30′ N, λ = 10° 16,5′ E.

Merke: Gelegentlich wird eine Position auch nach **Peilung und Abstand** zu einem bestimmten Objekt hin gemessen. Hierbei mißt man die Peilung rechtweisend von See her.

Zum Beispiel: *Die Tonne Stollergrund N liegt zum Leuchtturm Kiel in 136° –3,9 sm.*

Entfernungen auf See werden in **Seemeilen (sm)** gemessen.

1 sm = 1,852 km

1/10 sm = 185,2 m = 1 Kabellänge (Kbl)

In der Seekarte können wir Distanzen an den seitlichen Kartenrändern (nie am oberen oder unteren Rand!) an den dort angetragenen Breitenminuten ablesen.

Übungen

1 Auf welcher Position liegen folgende Seezeichen: Welche Information kann man über das Seezeichen der Karte entnehmen?

a) Tonne *Stollergrund N*
b) Leuchtturm *Vejsnäs Nakke*
c) Leuchtturm *Schleimünde*
d) Tonne *Fehmarnsund O*
e) Leuchtturm *Friedrichsort*
f) Leuchtturm *Kelds Nor*

2 Trage folgende Positionen in die Karte ein! Bei welchem Seezeichen liegen sie?

a) $\varphi = 54°\ 27{,}6'$ N; $\lambda = 10°\ 27{,}7'$ E.
b) $\varphi = 54°\ 36'$ N; $\lambda = 11°\ 9'$ E.
c) $\varphi = 54°\ 31{,}4'$ N; $\lambda = 10°\ 21{,}8'$ E.
d) $\varphi = 54°\ 24{,}2'$ N; $\lambda = 11°\ 18{,}8'$ E.
e) $\varphi = 54°\ 37{,}7'$ N; $\lambda = 10°\ 39{,}3'$ E.
f) $\varphi = 54°\ 51{,}2'$ N; $\lambda = 9°\ 59{,}3'$ E.

3 Wie lauten die geographischen Koordinaten vom

a) Nordpol
b) Schnittpunkt zwischen dem Äquator und der Datumsgrenze
c) Südpol
d) Schnittpunkt zwischen dem Nullmeridian und dem durch Leuchtturm *Kiel* laufenden Breitenparallel?

4 Welche geographische Breite bzw. Länge haben Orte, die von *LT Kiel* aus genau

a) nördlich
b) östlich
c) südlich
d) westlich liegen?

5 Wie weit entfernt ist von *LT Kiel*

a) Tonne *Stollergrund N*
b) Leuchtturm *Schleimünde*
c) Leuchtturm *Flügge* auf Fehmarn?

6 Wie weit entfernt ist Leuchtturm *Kalkgrund* ($\varphi = 54°\ 49{,}5'$ N; $\lambda = 9°\ 53{,}3'$ E) von

a) Leuchtturm *Vejsnäs Nakke*
b) Heultonne *Breitgrund S*
c) folgender Position:
   $\varphi = 54°\ 40'$ N; $\lambda = 10°\ 20'$ E?

7 Wieviel Seemeilen ist der Äquator vom Nordpol entfernt — wenn man von der Kugelform der Erde ausgeht?

Lösungen

1 Die Breite und Länge eines Ortes wird mit dem Zirkel ermittelt: Wir messen den Abstand zum nächstgelegenen Meridian oder Breitenkreis, wobei das angelegte Dreieck die Genauigkeit erhöht (Abb. A).

a) $\varphi = 54^\circ\ 32{,}8'$ N; $\lambda = 10^\circ\ 12'$ E.
Schwarz-weiß-schwarz waagerecht gestreifte Tonne, 2 schwarze Kegel mit Spitzen nach oben als Toppzeichen, unbefeuert, Nordtonne im Kardinalsystem.

b) $\varphi = 54^\circ\ 49{,}1'$ N; $\lambda = 10^\circ\ 25{,}6'$ E.
Blitzfeuer in Gruppen zu 3 mit rotem, grünem und weißen Sektoren, Tragweite weiß 8 sm, rot und grün 5 sm.

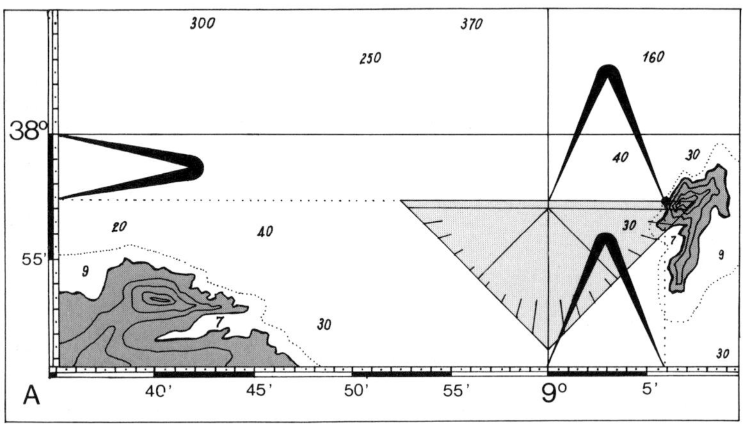

c) $\varphi = 54^\circ\ 40{,}4'$ N; $\lambda = 10^\circ\ 2{,}3'$ E.
Blinkfeuer in Gruppen zu 3 mit weißem und roten Sektoren, Tragweite weiß 12 sm. Der Leuchtturm ist ausgestattet mit
Nebel-Suchfeuer
Lotsenhaus
Lotsenstelle
Nebelschallsendestelle
Sturmsignalstelle
Warnsignalstelle.

d) $\varphi = 54^\circ\ 22{,}6'$ N; $\lambda = 11^\circ\ 10{,}7'$ E.
Schwarz-rot senkrecht gestreifte Tonne mit weißem Gleichtaktfeuer, schwarzes Doppelkreuz als Toppzeichen.

e) $\varphi = 54^\circ\ 23{,}5'$ N; $\lambda = 10^\circ\ 11{,}7'$ E.
Leitfeuer mit Nebelschallsendestelle und folgenden Kennungen (von StB nach Bb des Fahrwassers):
Blitzfeuer in Gruppen zu 3, grün
Blitzfeuer in Gruppen zu 3, weiß
Unterbrochenes Feuer, weiß
Festfeuer, weiß
Blitzfeuer in Gruppen zu 2, weiß
Blitzfeuer in Gruppen zu 2, rot.

f) $\varphi = 54^\circ\ 43{,}9'$ N; $\lambda = 10^\circ\ 43{,}3'$ E.
Blitzfeuer in Gruppen zu 2, mit teilweise (durch Land) verdecktem Sektor, Tragweite 17 sm, Nebelschallsendestelle.

Beachte, daß der genaue Ort einer Tonne durch den kleinen weißen Kreis an der Basis des Symbols angegeben wird (Abb. C)!

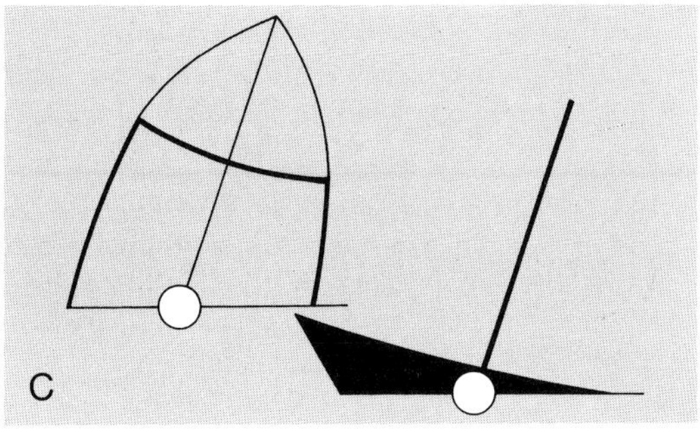

2

a) Warngebiet-Tonne T/5
b) Feuerschiff *Fehmarnbelt*
c) Tone *Gabelsflach O*
d) Leuchtturm *Staberhuk*
e) *Tonne* 1, Unterbrochenes Feuer
f) Leuchtturm *Kegnäs.*

3

a) Nordpol: $\varphi = 90°$ N.
Die Längenangabe kann unterbleiben, da jeder Meridian von den Polen ausgeht.
b) $\varphi = 0°$; $\lambda = 180°$.
Hier ist die Angabe N/S bzw. W/E nicht erforderlich!
c) Südpol: $\varphi = 90°$ S.
d) $\varphi = 54° 30'$ N; $\lambda = 0°$.

4

a) $\lambda = 10° 16{,}5'$ E.
b) $\varphi = 54° 30'$ N.
c) $\lambda = 10° 16{,}5'$ E.
d) $\varphi = 54° 30'$ N.

5 Da eine Seemeile einer Breitenminute im Bogenmaß entspricht, nimmt man eine gesuchte Distanz in den Zirkel und mißt sie am seitlichen, nie am oberen oder unteren Kartenrand (Abb. B).
Beachte, daß die Eigenart des Merkatorentwurfes verlangt, Entfernungen auf Überseglern möglichst auf der jeweiligen Mittelbreite abzugreifen!

a) 3,8 sm
b) 13,2 sm
c) 26,2 sm

6

a) 18,7 sm
b) 6,4 sm
c) 18,1 sm

7 Wie wir eben gesehen haben, werden Seemeilen am seitlichen Kartenrand abgegriffen, denn eine Seemeile entspricht einer Breitenminute im Bogenmaß. Die Frage lautet also: Wieviel Breitenminuten sind es vom Äquator zum Nordpol?
$90° = 5400' = 5400$ sm.

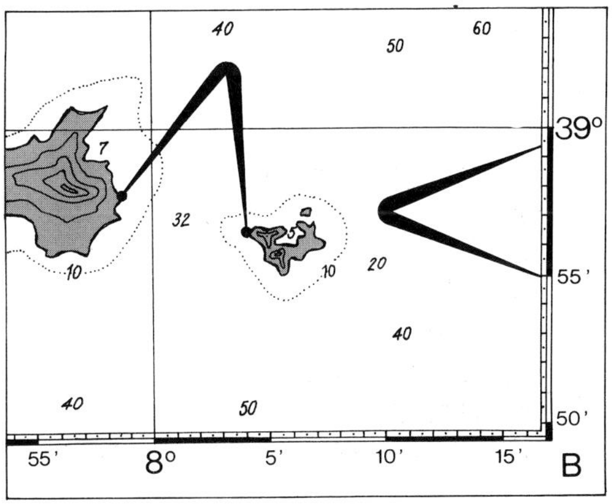

2 Der Kurs

vgl. Segelführerschein BR, S. 12, 56–63

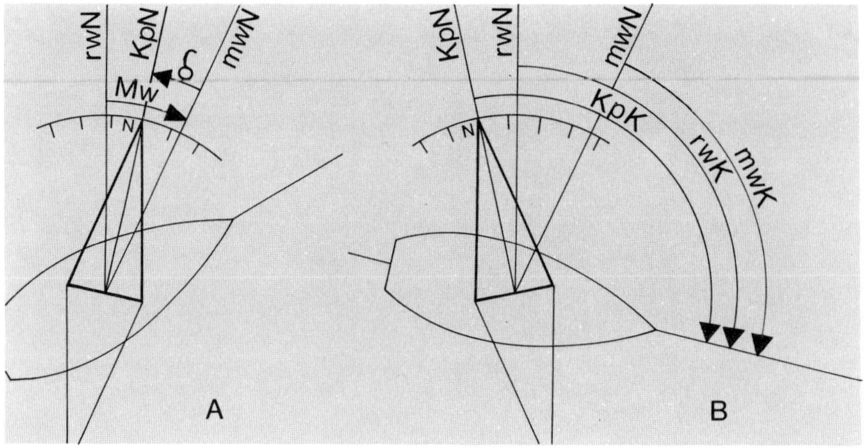

Merke: **Der Kurs ist die Richtung, die ein Schiff läuft. Er wird mit einem Winkel angegeben, und zwar dem Winkel zwischen der Nordrichtung und der Fahrtrichtung (Abb. B).**

Man unterscheidet:

- **Rechtweisender Kurs (rwK)** ist der Winkel zwischen rechtweisend Nord (rwN) und der Kielrichtung. Wir können ihn unmittelbar der Seekarte entnehmen, wenn weder Windabdrift noch Strom herrscht.
- **Mißweisender Kurs (mwK)** ist der Winkel zwischen mißweisend Nord (mwN) und der Kielrichtung.
- **Kompaßkurs (KpK)** ist der Winkel zwischen Kompaßnord (KpN) und der Kielrichtung. Er wird am Steuerkompaß abgelesen.
- **Mißweisung (Mw)** ist der Winkel zwischen rwN und mwN. Ihre Größe entnehmen wir der Seekarte, denn sie ändert sich von Ort zu Ort. Außerdem müssen wir ihre jährliche Änderung berücksichtigen (Abb. A).
- **Deviation (δ)** ist der Winkel zwischen mwN und KpN. Ihre Größe entnehmen wir der Deviationstabelle (vgl. Seite 99), denn sie hängt vom jeweils anliegenden Kurs ab (Abb. A).

Zum Beispiel: Wir unterscheiden die folgenden 2 Grundaufgaben:

a) *Gegeben ist KpK = 110°.*
Gesucht ist der rwK. Mw = –04°.

Dann rechnen wir:

KpK		110°
δ	+	08°
mwK		118°
Mw	—	04°
rwK		114°

Merke: Vom „falschen“ Kurs zum „richtigen“ Kurs mit „richtigem“ Vorzeichen!

b) *Gegeben ist der rwK = 263°.*
Gesucht ist der KpK. Mw = +03°.

Dann rechnen wir:

rwK		263°
entg. Mw	—	03°
mwK		260°
entg. δ	+	07°
KpK		267°

Merke: Vom „richtigen“ Kurs zum „falschen“ Kurs mit „falschem“ (= entgegengesetztem) Vorzeichen!

Übungen

1 Gib folgende Kurse in Grad an:

a) Ostkurs
b) SW-Kurs
c) Nordkurs
d) ESE-Kurs
e) 2 Strich südlich West.

2 Wie groß ist die Mißweisung im Jahr 1976, wenn in der Seekarte angegeben ist:

a) Mißw. 1972 –1,6° (W)
Jährl. Änd. –0,2° (W)
b) Mißw. 1974 +6,0° (O)
Jährl. Änd. –0,5° (W)
c) Mißw. 1973 –4,8° (W)
Jährl. Änd. +0,8° (O)
d) Mißw. 1975 +4,0° (O)
Jährl. Änd. +0,8° (O)
e) Mißw. 1972 –1,2° (W)
Jährl. Änd. +0,4° (O)
f) Mißw. 1980 +3,3° (O)
Jährl. Änd. –0,7° (W)
g) Mißw. 1978 –1,4° (W)
Jährl. Änd. –0,8° (W)
h) Mißw. 1980 –5,5° (W)
Jährl. Änd. –0,7° (W)

3 Gib den rwK an für:

a) Leuchtturm *Kiel* – Tonne *Stollergrund N*
b) Leuchtturm *Kiel* – Tonne *Gabelsflach O*
c) Leuchtturm *Kiel* – *LT Schleimünde*
d) Leuchtturm *Kiel* – Tonne *Mittelgrund S*
e) Leuchtturm *Kiel* – *LT Friedrichsort*
f) Tonne *Stollergrund N* – *LT Kiel*
g) Tonne *Stollergrund N* – *LT Schleimünde*
h) Tonne *Stollergrund N* – T *Mittelgrund S*
i) Tonne *Stollergrund N* – *LT Bülk*

4 Wie lauten die entsprechenden Kompaßkurse in Übung 3 bei einer Mißweisung von –02°?

5 Ausgehend von Hl-Tn. 4 (φ = 54° 34,7′ N; λ = 10° 47,1′ E) werden folgende rwK abgesetzt. Wohin führen sie?

a) rwK = 265°
b) rwK = 303°
c) rwK = 085°
d) rwK = 347°
e) rwK = 142°
f) rwK = 197°

6 Folgende KpK sind bei einer Mißweisung von –03° (bzw. +02°) in rwK zu beschicken:

a) KpK = 355°
b) KpK = 015°
c) KpK = 205°
d) KpK = 252°
e) KpK = 147°
f) KpK = 236°
g) KpK = 089°
h) KpK = 302°
i) KpK = 027°
k) KpK = 161°

2 Der Kurs

Lösungen

1 a) 090°
b) 225°
c) 360° oder 0°
d) 112,5°
e) 247,5°

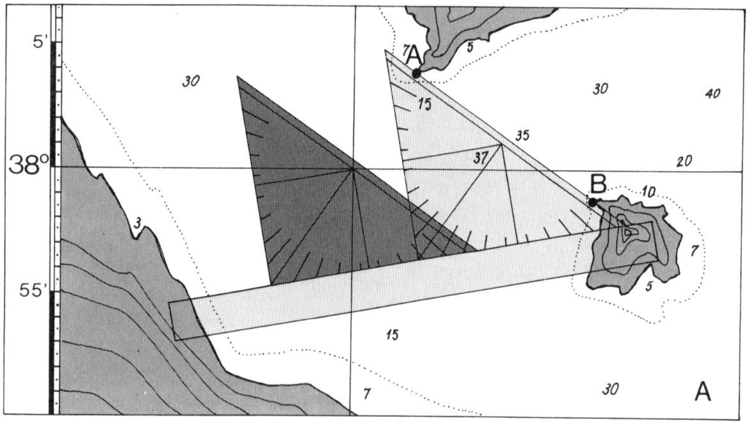

2 Man rechnet in folgender Weise:

a)	Mißweisung 1972	−1,6° (W)
	Änderung für 4 Jahre	−0,8° (W)
	Mißweisung 1976	−2,4° (W)

b) Mw 1976 = +5,0° (O)
c) Mw 1976 = −2,4° (W)
d) Mw 1976 = +4,8° (O)
e) Mw 1976 = +0,4° (O)
f) Mw 1976 = +6,1° (O)
g) Mw 1976 = +0,2° (O)
h) Mw 1976 = −2,7° (W)

3 Um den rwK abzulesen, verbinden wir Start- und Zielpunkt, legen an der Verbindungslinie die lange Dreiecksseite (Hypotenuse) an und verschieben dann das Dreieck so weit parallel, bis sein Anlegepunkt an einem Meridian anliegt. Nun können wir am unteren Ende des Meridians den Kurswinkel ablesen (vgl. Abb. A).

Es ergeben sich folgende Kurse:

a) rwK = 316°
b) rwK = 066°
c) rwK = 321°
d) rwK = 271°
e) rwK = 203°
f) rwK = 136°
g) rwK = 323°
h) rwK = 243°
i) rwK = 180°

4

		a)	b)	c)	d)	e)	f)	g)	h)	i)
	rwK	316°	066°	321°	271°	203°	136°	323°	243°	180°
entg.	Mw	+ 02°	+ 02°	+ 02°	+ 02°	+ 02°	+ 02°	+ 02°	+ 02°	+ 02°
	mwK	318°	068°	323°	273°	205°	138°	325°	245°	182°
entg.	δ	+ 08°	− 09°	+ 07,5°	+ 09,5°	00°	− 06°	+ 07,5°	+ 05°	− 02°
	KpK	326°	059°	330,5°	282,5°	205°	132°	332,5°	250°	180°

5 Zum Kursabsetzen legen wir das Dreieck so auf die Karte, daß der Anlegepunkt auf einem Meridian liegt und zugleich der gewünschte Kurs an der unteren Dreiecksseite abgelesen werden kann. Dann verschieben wir das Dreieck zum Startpunkt.
Die abgesetzten Kurse führen (vgl. den Kartenausschnitt!)

a) zur Hl-Tn. 3, Fkl.
b) zur Tonne 1, Ubr.
c) zur Tonne 5, Ubr. (3)
d) zum Leuchtturm *Kelds Nor*
e) zur Tonne 2, Glt.
f) zur Warngebiettonne T/9-P/5

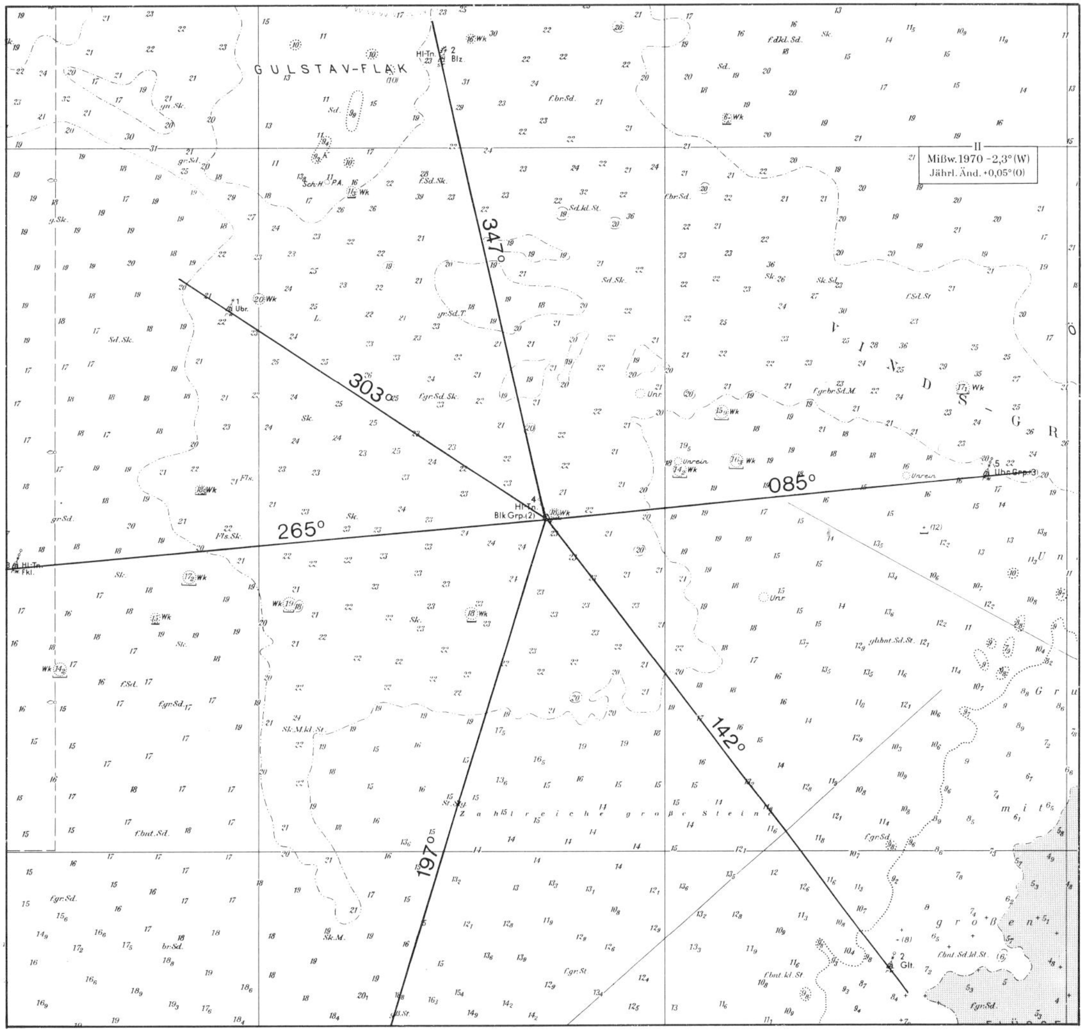

6	a)	b)	c)	d)	e)	f)	g)	h)	i)	k)
KpK	355°	015°	205°	252°	147°	236°	089°	302°	027°	161°
δ	– 03°	+ 02°	00°	– 05°	+ 05,5°	– 03,5°	+ 10°	– 10°	+ 04°	+ 04°
mwK	352°	017°	205°	247°	152,5°	232,5°	099°	292°	031°	165°
Mw	– 03°	– 03°	– 03°	– 03°	– 03°	– 03°	– 03°	– 03°	– 03°	– 03°
rwK	349°	014°	202°	244°	149,5°	229,5°	096°	289°	028°	162°

Für Mw = +02° ergibt sich:

rwK	354°	019°	207°	249°	154,5°	234,5°	101°	294°	033°	167°

3 Fahrt und ...

Die Geschwindigkeit eines Schiffes nennt man seine Fahrt (F). Sie wird in Knoten (kn) angegeben. Es gilt: 1 kn = 1 sm/h.

vgl. Segelführerschein BR, S. 46, 48

In der Praxis gibt es folgende 3 Aufgaben:

1. Wie schnell sind wir? Dann gilt:

$$\text{Fahrt F (kn)} = \frac{\text{Distanz D (sm)}}{\text{Zeitspanne t (h)}}$$

Gibt man die Zeit in Minuten an, gilt:

$$\text{Fahrt F (kn)} = \frac{\text{Distanz D (sm)} \cdot 60}{\text{Zeitspanne t (min)}}$$

Zum Beispiel: *Zwischen 08.25 h und 09.45 h hat eine Yacht 8 sm zurückgelegt. Wie schnell war man?*

$$F = \frac{8 \cdot 60}{80} = \underline{\underline{6\ kn}}$$

Merke: Mit Hilfe eines **Relingslogs** ermittelt man die Fahrt F aus der Zeit (in Sekunden), die z. B. ein Holzstückchen im Wasser benötigt, um an einer an der Reling markierten Meßstrecke vorbeizulaufen. Dann gilt:

$$\text{Fahrt F (kn)} \approx 2 \cdot \frac{\text{Meßstrecke (m)}}{\text{Durchlaufzeit (sec)}}$$

2. Wann werden wir unser Ziel erreichen? Dann gilt:

$$\text{Zeitspanne t (min)} = \frac{\text{Distanz D (sm)} \cdot 60}{\text{Fahrt F (kn)}}$$

Zum Beispiel: *Um 13.00 h stellt der Navigator einer Yacht fest, daß noch 7,5 sm zurückgelegt werden müssen. Wann wird man bei einer Fahrt von 4,5 kn das Ziel erreichen?*

$$t = \frac{7{,}5 \cdot 60}{4{,}5} = \underline{\underline{100\ min}}$$

Man wird das Ziel um 14.40 h erreichen.

3. Wieviel Seemeilen haben wir bisher zurückgelegt: Dann gilt:

$$\text{Distanz D (sm)} = \text{Fahrt F (kn)} \cdot \text{Zeit t (h)}$$

Zum Beispiel: *Eine Yacht läuft seit 13 Stunden etwa 6 kn. Wieviel sm hat sie bisher zurückgelegt?*

$$D = 6 \cdot 13 = \underline{\underline{78\ sm}}$$

... Koppeln

vgl. Segelführerschein BR, S. 66

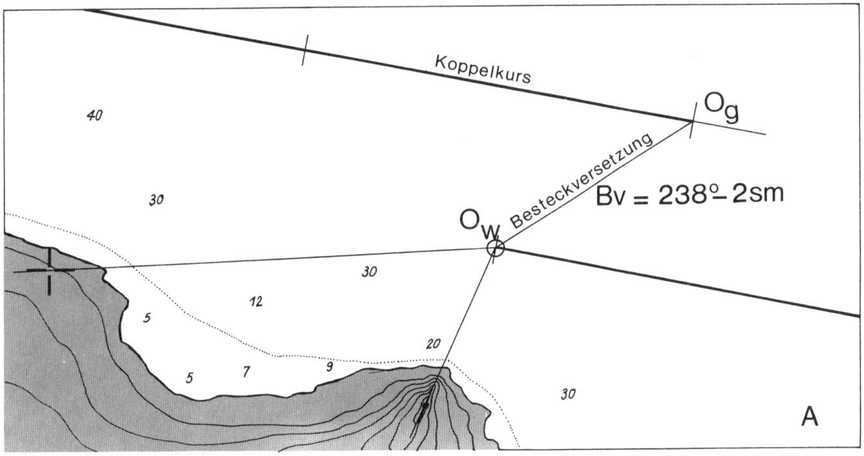

Merke: **Koppeln heißt den Schiffsort ermitteln aus dem abgesetzten Kurs (= Koppelkurs) und der zurückgelegten Distanz. Man trägt also die abgelaufene Distanz auf der in der Seekarte eingetragenen Kurslinie ab.**
Der so ermittelte Schiffsort heißt Koppelort oder gegißtes Besteck oder **gegißter Ort (= Og).** Man kennzeichnet ihn in der Karte durch einen kurzen Strich quer zur Kurslinie und vermerkt die Uhrzeit.

Zum Beispiel: *Eine Yacht passiert mit einer Fahrt von 6,5 kn um 14.00 h LT Kiel. Man hat einen rechtweisenden Kurs von 056° abgesetzt. Wo steht man um 16.00 h?*

Og: φ = 54° 37,3′ N, λ = 10° 35′ E.

Merke: Wird der Schiffsort nicht durch Koppeln ermittelt, sondern z. B. durch Peilungen, so erhält man einen **wahren Ort (= Ow).** In der Karte ergibt er sich als Schnittpunkt der kreuzenden Peillinien, den man mit einem kleinen Kreis umgibt.
Wahrer Ort und gegißter Ort fallen oft auseinander. Den Unterschied zwischen beiden Orten nennt man Besteckversetzung (Abb. A).

Besteckversetzung (Bv) ist die rechtweisende Richtung, in die man vom Og zum Ow versetzt ist, und der Abstand in Seemeilen, um den man versetzt wurde.

Zum Beispiel: *Im obigen Beispiel erhält man um 16.00 h einen durch Peilungen ermittelten Ow: φ = 54° 37,8′ N, λ = 10° 31,8′ E.*
Wie groß ist die Besteckversetzung?

Bv = 105° – 2 sm.

Merke: **Zur richtigen Angabe der Besteckversetzung müssen Ow und Og stets auf den gleichen Zeitpunkt bezogen sein!**

3 Fahrt und Koppeln

Übungen

1 Man läuft seit 2 Stunden mit einer Fahrt von 5,5 kn.

a) Wieviel sm hat man zurückgelegt?
b) Wann wird man das noch 13,7 sm entfernte Ziel erreichen?

2 Wie groß ist die Fahrt einer Yacht, wenn sie zurückgelegt hat:

a) 1,8 sm in 24 min
b) 4 Kbl in 5 min
c) 9,6 sm in der Zeit von 18.55 h bis 20.15 h
d) 19,2 sm in 03.50 h
e) 42,5 sm in 8,5 h
f) Loggestand bei Abfahrt 17,2; Loggestand nach 2 Stunden 30,0.

3 Mit dem Relingslog stoppt man folgende Zeiten. Wie schnell ist man?

a) 8 m in 4 sec
b) 5 m in 4 sec
c) 8 m in 3 sec
d) 10 m in 4 sec
e) 10 m in 3 sec.

4 Wie lange braucht man, um

a) 3 sm bei einer Fahrt von 5 kn,
b) 2,8 sm bei einer Fahrt von 3,5 kn,
c) 22,7 sm bei einer Fahrt von 6,5 kn
zurückzulegen?

5 Folgende Schiffsorte sind zu bestimmen. Mw = –02°. Eine Yacht passiert Feuerschiff *Fehmarnbelt* und läuft von hier

a) 11,5 sm bei einem KpK von 263°
b) 7,4 sm bei einem KpK von 126,5°
c) 5,2 sm bei einem KpK von 070°
d) 6,0 sm bei einem KpK von 234,5°.

6 Um 06.35 h passiert eine Yacht Feuerschiff *Fehmarnbelt,* am Kompaß werden 325,5° gesteuert, die Logge zeigt 7,2. Um 08.05 h gibt die Logge 16,2 an. Mw = –02°.

a) Wo müßte die Yacht stehen?
b) Wie groß war die Fahrt durch Wasser?
c) Um 08.05 nimmt man eine Kreuzpeilung vor und erhält als Schiffsort: $\varphi = 54° 41{,}1'$ N; $\lambda = 10° 59{,}1'$ E. Wie groß ist die Besteckversetzung?
d) Wie weit ist es von diesem Ow zum *LT Kelds Nor?* Was müßte man dorthin am Kompaß steuern?

7 Zum Eichen der Logge läuft man unter Motor eine Strecke von 1 sm Länge zwischen 2 Meilenbaken hin und zurück. Für den Hinweg benötigt man 10 min, für den Rückweg 12 min.

a) Wie schnell über Grund ist man gelaufen beim Hinweg, beim Rückweg?
b) Wie groß war die Fahrt durch Wasser, wenn man davon ausgeht, daß ein Strom genau in bzw. entgegen der Fahrtrichtung setzte?
c) Die Logge zeigte für die gesamte Strecke 1,8 sm an. Ermittle den Eichfaktor!

8 Eine Yacht läuft von Tonne *Gabelsflach O* zur Tonne *Stollergrund N* und benötigt hierfür 1 Stunde.

a) Wie schnell war man?
b) An der Tonne *Gabelsflach O* zeigte die Logge 36,2 an der Tonne *Stollergrund N* zeigte sie 43,6. Stimmt die Angabe?
c) Woran kann der Fehler liegen?
d) Wie groß ist der Eichfaktor der Logge, wenn man davon ausgeht, daß kein Strom setzt?
e) Von Tonne *Stollergrund N* aus steuert man am Kompaß 40°. Mw = −02°. Wo steht man, als die Logge 58,6 zeigt?
f) Ist dies ein wahrer oder gegißter Ort?

9 Eine Yacht verläßt unter Motor den Hafen *Laboe* (φ = 54° 24,2′ N; λ = 10° 13′ E) in rechtweisend westlicher Richtung. Mw = −02°. Als um 04.00 h, Logge 8,2, der Sektor Blz. (2) w. des Leuchtfeuers *Friedrichsort* erreicht ist, werden Segel gesetzt. Man setzt Kurs ab auf die Ansteuerungstonne *Kiel* südlich von Leuchtturm *Kiel.*

a) Wie lautet der KpK?
b) Um 04.45 h wechselt an Bb ein Leuchtfeuer seine Kennung. Man beobachtet ein Blitzfeuer weiß, Wiederkehr 3 sec. Wie groß ist die Fahrt der Yacht?
c) Von Tonne *Kiel* setzt man Kurs ab zur Tonne *Stollergrund N.* Was wird am Kompaß gesteuert?
d) Wann wird man bei gleicher Fahrt die Tonne erreichen?
e) Was wird dann die Logge zeigen?
f) Was bedeutet das Toppzeichen der Tonne?
g) Zur errechneten Zeit ermittelt man durch eine Kreuzpeilung folgenden Schiffsort: φ = 54° 32,3′ N; λ = 10° 12,7′ E. Das Echolot zeigt 10 m Tiefe. Ist diese Ortsangabe vertrauenswürdig?
h) Wie lautet die Besteckversetzung?

3 Fahrt und Koppeln

Lösungen

1 a) D = 2 · 5,5 = 11 sm
b) t = 13,7 : 5,5 = 2,5 h
Man wird das Ziel in 2½ h erreichen.

2 Es gilt: $F\ (kn) = \frac{D\ (sm) \cdot 60}{t\ (min)}$

a) $F = \frac{1{,}8 \cdot 60}{24} = \frac{9}{2} = 4{,}5$ kn

b) $F = \frac{0{,}4 \cdot 60}{5} = \frac{24}{5} = 4{,}8$ kn

c) Zunächst muß die Fahrtzeit ermittelt werden:

Ankunftzeit	20.15 h
– Abfahrtzeit	18.55 h
Fahrtzeit	01.20 h = 80 min

$F = \frac{9{,}6 \cdot 60}{80} = \frac{28{,}8}{4} = 7{,}2$ kn

d) $F = \frac{19{,}2 \cdot 60}{230} = \frac{115{,}2}{23} = 5$ kn.

e) $F = \frac{42{,}5}{8{,}5} = 5$ kn

f) Zunächst wird die zurückgelegte Distanz ermittelt:

Loggestand neu	30,0
– Loggestand alt	17,2
Distanz in sm	12,8

$F = \frac{12{,}8}{2} = 6{,}4$ kn

3 Es gilt: $F\ (kn) = \frac{2 \cdot \text{Meßstrecke (m)}}{\text{Durchlaufzeit (sec)}}$

a) F = 16 : 4 = 4 kn
b) F = 10 : 4 = 2,5 kn
c) F = 16 : 3 = 5,3 kn
d) F = 20 : 4 = 5 kn
e) F = 20 : 3 = 6,6 kn

4 Es gilt: $t\ (min) = \frac{D\ (sm) \cdot 60}{F\ (kn)}$

a) $t = \frac{3 \cdot 60}{5} = 36$ min

b) $t = \frac{2{,}8 \cdot 60}{3{,}5} = 48$ min

c) $t = \frac{22{,}7}{6{,}5} = 3½$ h

5 Die Beschickung der Kompaßkurse ergibt:

	a)	b)	c)	d)
KpK	263°	126,5°	070°	234,5°
δ	– 07°	+ 06,5°	+ 10°	– 03,5°
mwK	256°	133°	080°	231°
Mw	– 02°	– 02°	– 02°	– 02°
rwK	254°	131°	078°	229°

Man erhält dann folgende Schiffsorte:
a) φ = 54° 32,7′ N; λ = 10° 49,9′ E.
b) φ = 54° 31,1′ N; λ = 11° 18,6′ E.
c) φ = 54° 37,0′ N; λ = 11° 17,7′ E.
d) φ = 54° 32,0′ N; λ = 11° 1,2′ E.

6 a)

KpK	325,5°
δ	– 08,5°
mwK	317,0°
Mw	– 02,0°
rwK	315,0°

Loggestand neu	16,2
– Loggestand alt	7,2
Loggedistanz	9,0

Als Schiffsort ergibt sich:
φ = 54° 42,3′ N; λ = 10° 58′ E.

b) Die 9 sm wurden in 90 min zurückgelegt, also: $FdW = \frac{9 \cdot 60}{90} = 6$ kn

c) Besteckversetzung: 152° – 1,3 sm

d) Distanz zum *LT Kelds Nor:* 9,5 sm.

	rwK	287°
entg.	Mw	+ 02°
	mwK	289°
entg.	δ	+ 10°
	KpK	299°

7 a) Hinweg: $F = \frac{1 \cdot 60}{10} = 6$ kn

Rückweg: $F = \frac{1 \cdot 60}{12} = 5$ kn

b) Bilde den Mittelwert aus den Einzelgeschwindigkeiten:
FdW = ½ · (6 + 5) = 5,5 kn
Es wäre falsch, wollte man die Fahrt aus der Gesamtdistanz von 2 sm und der Gesamtzeit von 22 min errechnen!

c) Der Eichfaktor ermöglicht es, durch einfache Rechnung die evtl. unkorrekte Loggeanzeige in die tatsächlich zurückgelegte Distanz umzurechnen. Man rechnet:

$$\frac{\text{wahre Distanz}}{\text{geloggte Distanz}} = \frac{20}{18} = 1{,}11$$

Wir müssen also den jeweiligen Loggewert mit 1,11 multiplizieren, um die wahre Distanz zu erhalten; oder wir addieren jeweils 11 %.
Da der Strom genau mit bzw. entgegen der Fahrtrichtung gesetzt hat, hebt sich sein Einfluß durch Hin- und Rückfahrt auf.

8 a) Distanz aus der Seekarte: 5,9 sm
F = 5,9 kn

b)

Loggestand neu	43,6
– Loggestand alt	36,2
Loggedistanz	7,4

Die Loggedistanz stimmt nicht mit der Kartendistanz überein.

c) Der Fehler kann durch Strom oder eine ungeeichte Logge verursacht sein.

d) $$\frac{\text{wahre Distanz}}{\text{geloggte Distanz}} = \frac{5{,}9}{7{,}4} = 0{,}8$$

Statt mit 0,8 zu multiplizieren, kann man auch 20 % abziehen!

e)

Loggestand neu	58,6
– Loggestand alt	43,6
Loggedistanz	15,0

Die Loggedistanz muß mit dem Eichfaktor 0,8 verbessert werden: 15 · 0,8 = 12 sm.
Der KpK wird beschickt zum rwK = 45°.
Dann ergibt sich als Schiffsort:
$\varphi = 54°\ 41{,}3'$ N; $\lambda = 10°\ 26{,}6'$ E.

f) Ein gegißter Ort, da er durch Kurs und Versegelung ermittelt wurde.

9 *a)*

	rwK		025,5°
entg.	Mw	+	02,0°
	mwK		027,5°
entg.	δ	–	04,5°
	KpK		023,0°

b) Es handelt sich um die Sektorengrenze von Leuchtfeuer *Bülk.* Distanz ab Kurswechsel: 3,75 sm. $F = \frac{3{,}75 \cdot 60}{45} = 5$ kn.

c)

	rwK		324°
entg.	Mw	+	02°
	mwK		326°
entg.	δ	+	07,5°
	KpK		333,5°

d) Es gilt: $t\,(\text{min}) = \frac{D\,(\text{sm}) \cdot 60}{F\,(\text{kn})}$

Bis Tonne *Kiel:* D aus Karte = 5,4 sm.

Bis Tonne *Stollergrund N:* D = 4,6 sm.
Gesamtdistanz also: 10 sm.

$t = \frac{10}{5} = \underline{\underline{2\ h.}}$

Segelsetzen um	04.00 h
bis Tonne *St'grund N*	+ 02.00 h
Voraussichtliche Ankunft	06.00 h

e)

Loggestand alt	8,2
bis Tonne *Kiel*	+ 5,4
bis Tonne *St'grund N*	+ 4,6
Loggestand neu	18,2

f) Nordtonne im Kardinalsystem.

g) Ein sog. wahrer Ort, der durch Peilungen ermittelt wurde, braucht nicht unbedingt genauer sein als ein Loggeort. Seine Genauigkeit hängt vielmehr von den Peil- und Sichtbedingungen ab. In unserem Fall ist jedoch der Ow vorzuziehen, da er durch eine Tiefenangabe bestätigt wird und da feststeht, daß der Og, nämlich die Tonne *Stollergrund N,* nicht erreicht ist.

h) Bv = 142° – 0,7 sm.

4 Peilungen

vgl. Segelführerschein BR, S. 62–65

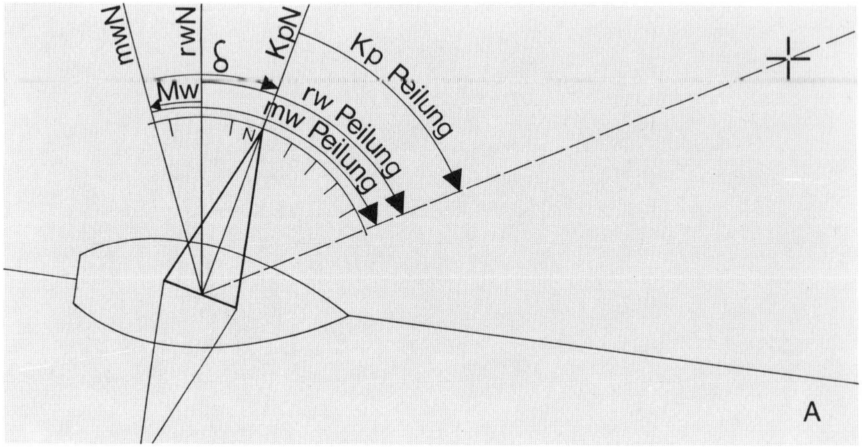

Merke:

Peilen heißt die Richtung bestimmen, in der ein bestimmtes Peilobjekt vom Schiff aus gesehen wird. Man unterscheidet Kompaß- und Seitenpeilungen.

- Eine **Kompaßpeilung (Kp↗)** ist der vom Schiff aus gesehene Winkel zwischen Kompaßnord und dem Peilobjekt (Abb. A). Man erhält ihn mit dem Peilkompaß.
- Eine **Seitenpeilung (S↗)** ist der an Bord gemessene Winkel zwischen der Kielrichtung und dem Peilobjekt (Abb. B). Man erhält ihn mit der Peilscheibe.

Jede Peilung muß, bevor wir sie in die Karte eintragen können, in eine **rechtweisende Peilung (rw↗)** verwandelt werden, d. h. sie muß mit Mißweisung und Deviation beschickt werden.

Beschickung der Kompaßpeilung:

Zum Beispiel:

Auf einer Yacht peilt man einen Leuchtturm unter 269°, während man am Kompaß 150° steuert. Mw = –03°. Wie lautet die rw↗?

Kp↗	269°
δ	+ 05°
mw↗	274°
Mw	– 03°
rw↗	271°

Beachte, daß die Deviation auf den zum Peilzeitpunkt gesteuerten Kompaßkurs bezogen wird, nicht auf die Kompaßpeilung! Denn die Deviation hängt vom Kurs ab!

Deshalb ist es oft einfacher (vor allem, wenn bei gleichem Kurs mehrere Peilungen nacheinander durchgeführt werden), Mißweisung und Deviation von vornherein zur **Fehlweisung (Fw)** zusammenzufassen.

Also: Fw = Mw + δ = –03° + 05° = +02°.

Man rechnet dann in unserem Beispiel:

Kp↗	269°
Fw	+ 02°
rw↗	271°

Für den Peilkompaß muß – vor allem auf Stahlyachten – eine gesonderte Deviationstabelle für einen bestimmten Ort an Deck aufgestellt werden. **Wir verwenden jedoch in diesem Buch der Einfachheit halber die gleiche Tabelle wie für den Steuerkompaß.**

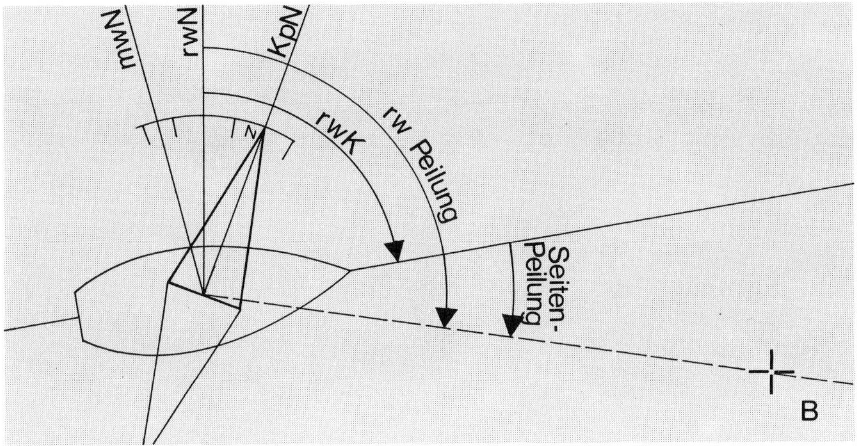

Beschickung der Seitenpeilung:

Zum Beispiel: *Mit der Peilscheibe wird an Stb unter 058° ein Leuchtturm gepeilt, während man am Kompaß 150° steuert. Mw = – 03°. Wie lautet die rechtweisende Peilung?*

S↗	058°	
KpK	150°	
Kp↗	208°	
Fw	+ 02°	Fw = –03° + 05° = +02°
rw↗	210°	

Geht man bereits vom rwK aus, so rechnet man einfacher:

S↗	058°
rwK	152°
rw↗	210°

Dieser Weg ist dann vorzuziehen, wenn **mehrere** Seitenpeilungen beschickt werden.

Merke: **Unterscheide Seitenpeilungen mit Vollkreisscheibe von Seitenpeilungen mit Halbkreisscheibe!**
Mit der **Vollkreisscheibe** wird von recht voraus (= 0°) rechts herum über Stb querab (= 90°), recht achteraus (= 180°) und Bb querab (= 270°) bis recht voraus (= 360°) gezählt.
Die **Halbkreisscheibe** dagegen zählt sowohl an Bb als auch an Stb von recht voraus bis recht achteraus, so daß sich hier nie ein Winkel über 180° ergeben kann.
Um Rechenfehler zu vermeiden, verwandele Halbkreispeilungen an Bb immer erst in Vollkreispeilungen, wobei gilt: 360° – Bb↗ =S↗

Zum Beispiel: Eine S↗ an Bb von 110° ergibt: 360° – 110° = 250°.

Übungen

1 Eine Yacht steuert am Kompaß 335° und führt folgende Peilungen durch, die in rechtweisende Peilungen zu beschicken sind:

a) Kp↗ = 161°, Mw = –04°
b) Kp↗ = 015°, Mw = +01°
c) Kp↗ = 335°, Mw = –01°
d) Kp↗ = 205°, Mw = +03°
e) S↗ = 086°, Mw = –04°
f) S↗ = 335°, Mw = +02°
g) S↗ = 027°, Mw = –03°
h) S↗ = 182°, Mw = +04°

2 Verwandele folgende Peilungen in rechtweisende Peilungen bei einer Mw = –02°:

a) Kp↗ = 090°, KpK = 090°
b) Kp↗ = 090°, KpK = 250°
c) Kp↗ = 090°, KpK = 205°
d) S↗ = 090°, KpK = 090°
e) S↗ = 090°, KpK = 205°
f) S↗ = 090°, rwK = 250°
g) S↗ an Bb = 090°, rwK = 090°

3 Verwandele folgende Seitenpeilungen in rechtweisende Peilungen (Mw = +01°):

a) S↗ an Bb = 030°, KpK = 016°
S↗ an Stb = 030°, KpK = 016°
b) S↗ an Bb querab, rwK = 187°
S↗ an Stb querab, rwK = 187°
c) S↗ 2 Strich an Stb voraus, KpK = SW
S↗ 2 Strich an Bb voraus, KpK = SW
d) S↗ an Bb von 150°, rwK = S.
S↗ an Stb von 150°, rwK = S.
e) S↗ 3 Strich achterlicher als Bb querab, rwK = 122°

4 Vom Feuerschiff *Fehmarnbelt* ausgehend steuert man am Kompaß 323° (Mw = –02°). Nach einiger Zeit peilt man auf gleichem Kurs die Kirche *Kappel* auf *Lolland* mit dem Kompaß unter 53°.

a) Wo steht man nach φ und λ?
b) Wo steht man nach Peilung und Abstand zum Leuchtturm *Kelds Nor?*
c) Etwas später peilt man auf gleichem Kurs den Leuchtturm *Kelds Nor* mit einer Seitenpeilung unter 312°.
Wo steht man nach φ und λ?
d) Wo steht man nach Peilung und Abstand zum Leuchtturm *Kelds Nor?*

5 Aufstellen einer Deviationstabelle

Auf einer Yacht hat man folgenden Schiffsort äußerst genau ermitteln können (Mw = −02°): φ = 54° 47′ N; λ = 10° 20′ E. Dieser Ort wird durch eine Boje deutlich markiert.

a) Wie lautet die mißweisende Peilung zum Leuchtturm *Vejsnäs Nakke?*

b) Um die Deviationstabelle für den Steuerkompaß aufzustellen, wird die Yacht langsam in einem Vollkreis um die Boje herumgedreht. Während der Rudergänger die Kurse von 20° zu 20° ankündigt, peilt ein anderer Mann über den Kompaß *LT Vejsnäs Nakke.* Die Werte werden notiert.
Um einen Schleppfehler des Kompasses durch die Drehung zu vermeiden, wurden zwei Vollkreise gedreht, der eine nach Bb, der andere nach Stb. Die in der folgenden Tabelle zusammengestellten Peilwerte stellen bereits den jeweiligen Mittelwert aus beiden Meßreihen dar.
Es ergibt sich folgende Zusammenstellung:

KpK	Kp↗	KpK	Kp↗
019°	55°	201°	47°
040°	51°	220°	60°
061°	49°	241°	62°
081°	48°	260°	64°
100°	49°	279°	67°
119°	51°	300°	68°
140°	52°	320°	67°
160°	54°	339°	64°
180°	56°	360°	60°

Stelle die Deviationstabelle für den Steuerkompaß auf!

6 Um 13.00 h steht eine Yacht auf folgender Position: φ = 54° 51′ N; λ = 9° 50′ E.

a) Gib den Schiffsort nach Peilung und Abstand zum Leuchtturm *Kalkgrund* an!
b) Erkläre die Angaben beim Leuchtturm!
c) Von hier aus werden am Kompaß 91° gesteuert. Mw = −02°. Wie lautet der rwK?
d) Um 13.30 h peilt man *LT Kalkgrund* mittels Seitenpeilung unter 107°. Wo steht man?
e) Gib diesen Schiffsort nach Peilung und Abstand zum *LT Kegnäs* an!
f) Wie groß war die Fahrt der Yacht?
g) Wo steht die Yacht um 14.30 h bei gleichbleibender Fahrt?
h) Um 14.30 h hat man jedoch eine schwarze Tonne erreicht, Toppzeichen zwei Besen abwärts. Wie groß ist die Besteckversetzung?
i) Man setzt nun einen rwK von 066° ab. Was muß am Kompaß gesteuert werden?
k) Wohin führt dieser Kurs?
l) Als man am Echolot 20 m Tiefe mißt, peilt man mit dem Kompaß Leuchtturm *Gammel Pöl* unter 315°. Wo steht man?

4 Peilungen

Lösungen

1

	a)	b)	c)	d)
Kp↗	161°	015°	335°	205°
δ (KpK)	– 07°	– 07°	– 07°	– 07°
mw↗	154°	008°	328°	198°
Mw	– 04°	+ 01°	– 01°	+ 03°
rw↗	150°	009°	327°	201°

	e)	f)	g)	h)
S↗	086°	335°	027°	182°
KpK	335°	335°	335°	335°
Kp↗	061°	310°	002°	157°
δ (KpK)	– 07°	– 07°	– 07°	– 07°
mw↗	054°	303°	355°	150°
Mw	– 04°	+ 02°	– 03°	+ 04°
rw↗	050°	305°	352°	154°

Beachte in den Beispielen (e) bis (h), daß sich bei der Addition S↗ + KpK Werte über 360° ergeben; wir rechnen dann natürlich nur mit dem **über** 360° liegenden Betrag weiter! Zum Beispiel Übung e):

S↗	086°
KpK	335°
Kp↗	421°

Bilde dann: 421° – 360° = 061°.

2

	a)	b)	c)	d)	e)
S↗				090°	090°
KpK				090°	205°
Kp↗	090°	090°	090°	180°	295°
δ (KpK)	+ 10°	– 05°	0°	+ 10°	0°
mw↗	100°	085°	090°	190°	295°
Mw	– 02°	– 02°	– 02°	– 02°	– 02°
rw↗	098°	083°	088°	188°	293°

In den Fällen f) und g) genügt folgende einfache Addition:

	f)	g)
S↗	090°	270°
rwK	250°	90°
rw↗	340°	360°

3 a) Ermittle zunächst den rwK:

KpK	016°
δ	+ 02°
mwK	018°
Mw	+ 01°
rwK	019°

Die Bb-Seitenpeilung ist in eine rundum gezählte Seitenpeilung zu verwandeln: 360° – 30° = 330°. Dann gilt:

S↗	330°	030°
rwK	019°	019°
rw↗	349°	049°

b) Querab-Peilungen sind Seitenpeilungen von 90° (an Stb) bzw. 270° (an Bb).

S↗	270°	090°
rwK	187°	187°
rw↗	097°	277°

c) Ermittle zunächst wieder den rwK:

KpK	225,0°
δ	– 02,5°
mwK	222,5°
Mw	+ 01,0°
rwK	223,5°

1 Strich = 1/8 von 90° = 11¼°.
2 Strich Stb voraus = 22,5°, 2 Strich Bb voraus = 360° – 22,5° = 337,5°.

S↗	022,5°	337,5°
rwK	223,5°	223,5°
rw↗	246°	201°

d) Die Seitenpeilung an Bb wird umgerechnet: 360° – 150° = 210°.

S↗	210°	150°
rwK	180°	180°
rw↗	030°	330°

e) 3 Strich achterlicher als Bb querab heißt: 270° – 34° = 236°.

S↗	236°
rwK	122°
rw↗	358°

4 a) Kurs- und Peilungsbeschickung ergeben:

KpK	323°		Kp↗	53°
δ	– 09°		δ	– 09°
mwK	314°		mw↗	44°
Mw	– 02°		Mw	– 02°
rwK	312°		rw↗	42°

Schiffsort: $\varphi = 54° \, 42{,}6' \, N$; $\lambda = 10° \, 56{,}2' \, E$.

b) 280° – 7,5 sm.

c)

S↗	312°
rwK	312°
rw↗	264°

Schiffsort: $\varphi = 54° \, 44{,}5' \, N$; $\lambda = 10° \, 52{,}6' \, E$.

d) 264° – 5,4 sm.

5 a) Man entnimmt der Karte: rw↗ = 56°. Es gilt:

	rw↗	56°
entg.	Mw	+ 02°
	mw↗	58°

b) Der Deviationswert für den entsprechenden KpK ergibt sich aus: mw↗ – Kp↗. Führt man diese Rechnung für alle notierten Kurse durch, so erhält man genau die diesem Buch beigegebene Ablenkungstafel. Lediglich ein Wert fällt aus der Reihe heraus: Die Peilung für KpK = 200° muß eine Fehlmessung sein.

6 a) 127° – 2,4 sm.

b) Der Leuchtturm ist als Leitfeuer eingerichtet. Die unterschiedlichen Kennungen sind: Festfeuer weiß, rot grün; Blitzfeuer in Gruppen von 2 Blitzen und in Gruppen von 3 Blitzen. Seine Tragweite weiß beträgt 14 sm, die Tragweite rot und grün 11 sm.
Außerdem ist der Leuchtturm als Kreisfunkfeuer eingerichtet und mit einer Nebelschall-Sendestelle sowie einem Nebelsuchfeuer versehen.

c)

KpK	091°
δ	+ 10°
mwK	101°
Mw	– 02°
rwK	099°

d) Die Beschickung der Seitenpeilung ergibt:

S↗	107°
rwK	099°
rw↗	206°

Schiffsort: $\varphi = 54° \, 50{,}6' \, N$; $\lambda = 9° \, 54{,}3' \, E$.

e) 78° – 3 sm

f) Es gilt: $F \, (kn) = \dfrac{D \, (sm) \cdot 60}{t \, (min)}$

$$= \frac{2{,}5 \cdot 60}{30} = \underline{\underline{5 \, kn.}}$$

g) Bis 14.30 h sind weitere 5 sm zurückgelegt worden. Als Koppelort ergibt sich:
$\varphi = 54° \, 49{,}8' \, N$; $\lambda = 10° \, 2{,}8' \, E$.

h) Bv = 133° – 1,5 sm

i)

	rwK	066°
entg.	Mw	+ 02°
	mwK	068°
entg.	δ	– 09°
	KpK	059°

k) Zur schwarz-rot senkrecht gestreiften Tonne 2, befeuert mit Blitz (2) weiß, Wiederkehr 5 sec.

l) Die Beschickung der Kp↗ ergibt:

Kp↗	315°
δ	+ 09°
mw↗	324°
Mw	– 02°
rw↗	322°

Trägt man diese Peilung in die Karte ein, so schneidet sie den Koppelkurs an einer Stelle, wo die Karte die 20 m-Tiefenlinie anzeigt. Der Schiffsort ist also ziemlich zuverlässig:
$\varphi = 54° \, 49{,}8' \, N$; $\lambda = 10° \, 8{,}6' \, E$.

5 Deckpeilung, Feuer in Linie

vgl. Segelführerschein BR, S. 75, 29

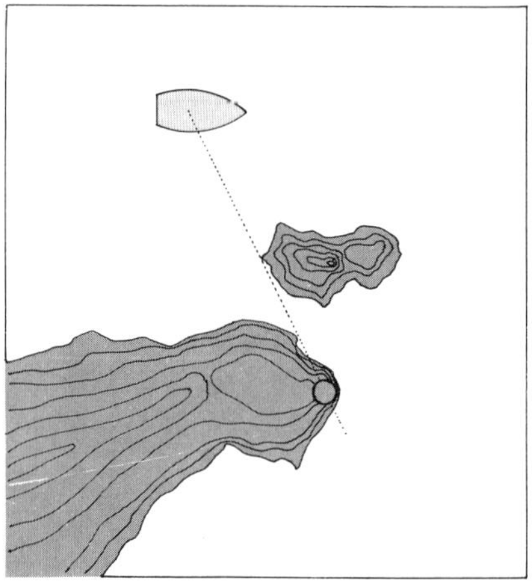

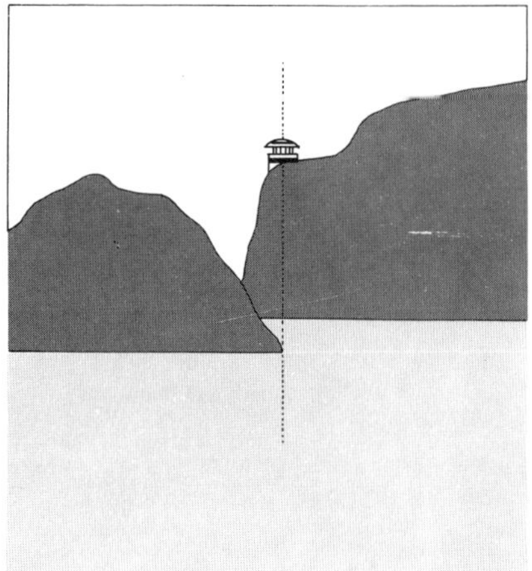

Merke:

Eine Deckpeilung ergibt meist eine genaue Standlinie, sobald man zwei markante, in der Seekarte eindeutig identifizierte Landmarken (Leuchtturm, Kap etc.) in einer Linie sieht.

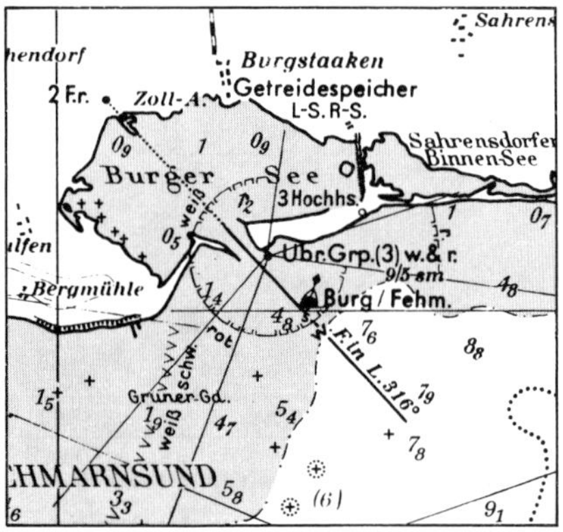

Wir benötigen hierfür also kein Navigationsinstrument, so daß auch Mißweisung und Deviation nicht berücksichtigt werden müssen, denn jede Deckpeilung ergibt unmittelbar eine rechtweisende Peilung. In der Karte erhalten wir die Standlinie, indem wir beide Landmarken verbinden und die Linie verlängern.

In den Skizzen oben befindet sich der Beobachter genau auf der von Turm und Kap gebildeten Linie.

Eine spezielle Deckpeilung erhält man nachts, wenn man zwei **Feuer in Linie** sieht. Diese Standlinie ist meist in der Seekarte eingetragen und ihr Peilwert (von See her gesehen) angegeben.

Zum Beispiel:

Eine Yacht, die Ober- und Unterfeuer von Burgstaaken in Linie sieht, steht genau auf der in der Karte eingetragenen Standlinie „Feuer in Linie" von rechtweisend 316° (vgl. Kartenausschnitt nebenan).

Merke:

Ebenfalls ohne Beschickung ergibt sich eine Standlinie, sobald man die **Sektorengrenze eines Leuchtfeuers** passiert. Wir brauchen dann nur die in der Seekarte meist eingetragene Sektorengrenze verlängern, oder wir entnehmen die Richtung der Sektorengrenze (von See her gesehen) dem Leuchtfeuerverzeichnis. Doch ist diese Standlinie nicht sehr genau, da der Übergangsbereich zwischen zwei Kennungen etwa 1° bis 2° beträgt, wenn es sich nicht um ein Präzisionssektorenfeuer (z. B. Leitfeuer) handelt.

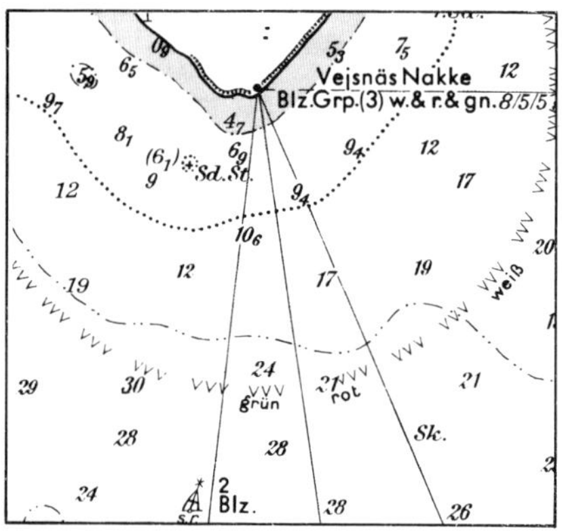

Zum Beispiel:

Eine auf Ostkurs laufende Yacht bemerkt an Bb, daß die Kennung von Leuchtfeuer Vejsnäs Nakke von rot auf weiß wechselt. Wo steht die Yacht? Auf der Sektorengrenze zwischen Blz. (3) rot und Blz. (3) weiß, die man von See her unter rechtweisend 337° peilt (vgl. Kartenausschnitt nebenan).

Übungen

1 Man steht nachts bei der Tonne *Fehmarnsund West.* Welche Leuchtfeuer (mit ihren Kennungen) können wir von dort aus erkennen?

2 Eine Yacht läuft nachts im *Fehmarnsund* von SE auf die Fehmarnbrücke zu und hat voraus ein Ubr.w. und ein Blz.w. in Linie.

a) Auf welcher Standlinie befindet sich die Yacht?
b) Der Rudergänger beobachtet, daß das Blitzfeuer etwas nach Bb auswandert. Warum? Was ist zu tun, um auf der Deckpeilung zu bleiben?
c) Was kann man beobachten, sobald man die Tonne *Fehmarnsund Ost* passiert?
d) Nachdem man wieder beide Feuer in Linie hat, liest man am Kompaß 312° ab. Stimmt die Deviationstabelle?

3 Eine Yacht liegt auf $\varphi = 54° 47' N$; $\lambda = 9° 50' E$ vor Anker. Mw = −02°.

a) Welche Feuer mit welchen Kennungen sind vom Ankerplatz aus wahrnehmbar?
b) Von hier aus wird Kurs abgesetzt zur Gl-Tn. 7. Wie lautet der KpK?
c) Wie werden sich auf diesem Kurs die Kennungen von *LF Kalkgrund* und von *LF Kegnäs* ändern?
d) Bald sieht man an Stb ein Festfeuer weiß und ein unterbrochenes Feuer grün in Linie. Wo steht man?
e) Sobald sich an Stb das F.r. in F.w. ändert, hält man auf *LF Kegnäs* zu. Ort der Kursänderung?
f) Neuer KpK?
g) Auf diesem Kurs sieht man nach einiger Zeit an Stb ein F.r. in Linie mit einem Ubr.(2)r. Wo steht man?
h) An Bb voraus nimmt man ein weißes Funkelfeuer wahr? Was ist das?
i) Sobald das unterbrochene Feuer an Stb grün wird, setzt man rechtweisend Ostkurs ab. Auf diesem Kurs beobachtet man, daß an Bb voraus ein weißes Festfeuer und ein weißes Blitzfeuer in Linie kommen. Zugleich ändert ein unterbrochenes Feuer an Bb achteraus seine Kennung von grün in rot. Wo steht man?
k) Wie genau ist dieser Schiffsort?
l) Zur Kontrolle der Deviationstabelle hält man kurzzeitig auf das in Linie befindliche Feuer *Gammel Pöl* zu und liest am Kompaß 40° ab. Stimmt die Deviationstabelle?

5 Deckpeilung, Feuer in Linie

Lösungen

1 *LF Flügge:* Ubr.w., zusätzlich ein F.w.
LF Orth: F.w., rechts davon ein F.r.
LF Strukkamphuk: Blz.w.
LF Fehmarnbrücke: Wir befinden uns genau auf der Sektorengrenze zwischen Glt.r. und Glt.w.
LF Heiligenhafen: Wir befinden uns auch hier auf der Sektorengrenze zwischen F.gn. und F.w.
LF Neuland: Ubr.(3)w. kann evtl. ausgemacht werden.
Tonne 3: Ubr.(2) w. ist u. U. zu sehen.

2 a) Auf der von *LF Flügge* und von *LF Strukkamphuk* gebildeten Linie von rechtweisend 305°.

b) Der Rudergänger hat ungenau gesteuert, er muß seinen Kurs nach Bb korrigieren. Merke: Bei Deckpeilungen Kurs immer in Richtung auf das Unterfeuer ändern!

c) *LF Staberhuk* ändert seine Kennung von Ubr.(2) gn. in Ubr.(2) w. und *LF Burg* von Ubr.(3) w. in Ubr.(3) r. Man befindet sich also in beiden Fällen genau auf einer Sektorengrenze.

d) Man rechnet:

	rwK	305°
entg.	Mw	+ 02°
	mwK	307°

Bilde dann die Differenz: mwK – KpK = 307° – 312° = +05°.

Dieser Wert stimmt weder mit dem in der Steuertafel, noch mit dem in der Ablenkungstafel angegebenen Wert überein!

3 Vgl. Kartenausschnitt nebenan!

a) *LF Kalkgrund:* Festfeuer, weiß
LF Kegnäs: Unterbrochenes Feuer, grün
LF Gammel Pöl: Blitzfeuer, weiß
Evtl. kann auch die Gl.-Tn. 7, Ubr.(2) w. vom Ankerplatz aus wahrgenommen werden. Befeuerte Tonnen tragen unter günstigen Bedingungen etwa 4 sm weit.

b)

	rwK	356°
entg.	Mw	+ 02°
	mwK	358°
entg.	δ	+ 02°
	KpK	360°

c) *LF Kalkgrund:* F.w. / F.r. / F.w.
LF Kegnäs: Ubr. gn. / Ubr. w.

d) Auf der von *LF Kegnäs* und *LF Kalkgrund* gebildeten Deckpeilung von 64°.

e) φ = 54° 49,2′ N; λ = 9° 49,7′ E.

f)

	rwK	070°
entg.	Mw	+ 02°
	mwK	072°
entg.	δ	– 09°
	KpK	063°

g) Auf der von *LF Kalkgrund* und *LF Falshöft* gebildeten Deckpeilung: rw$\nearrow$ = 142°.

h) Tonne 6, rot/weiß gewürfelt, Toppzeichen: 1 roter Ball.

i) Man steht auf der von Ober- und Unterfeuer *Gammel-Pöl* gebildeten Deckpeilung, die in der Karte eingetragen ist. Zugleich steht man auf der Sektorengrenze von *LF Falshöft* zwischen Ubr.(2) gn. und Ubr.(2) r.: φ = 54° 50,4′ N; λ = 9° 59,9′ E.

k) Dieser Schiffsort dürfte sehr genau sein, da bei seiner Ermittlung weder Kompaß-, noch Peil- oder Rechenfehler eingehen können.

l) Man entnimmt der Seekarte rwK = 45° und beschickt:

	rwK	045°
entg.	Mw	+ 02°
	mwK	047°

Bilde dann die Differenz:
mwK – KpK = 047° – 040° = +07°.
Dieser Wert stimmt für den in der Tabelle angegebenen KpK und mwK.

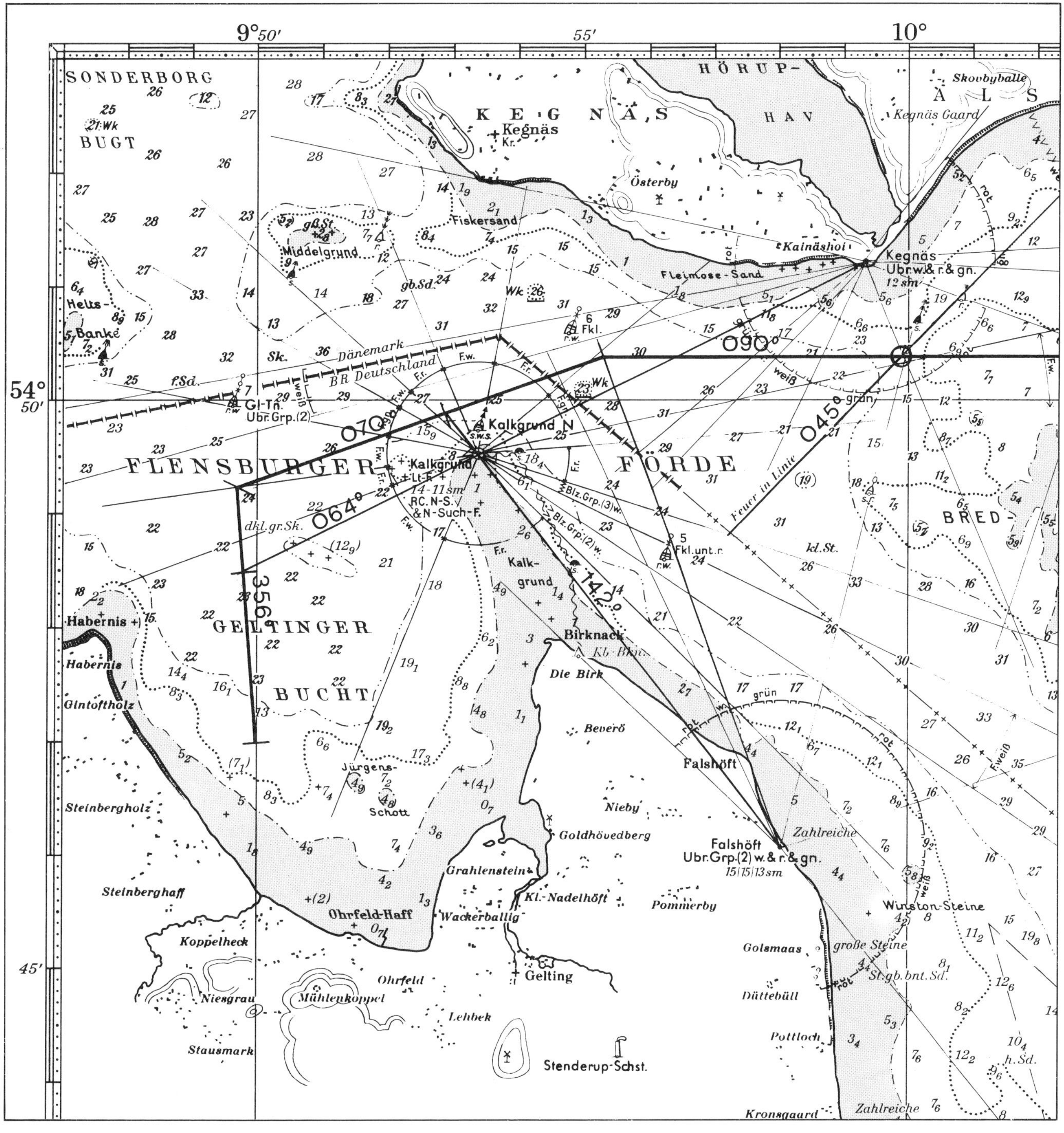
9°50'
55'
10°
54°
50'
45'
SONDERBORG
BUGT
KEGNÄS
Kegnäs
HÖRUP-
HAV
ALS
Skovbyballe
Kegnäs Gaard
Österby
Fiskersand
Middelgrund
Helts-Banke
Kainäshoi
Fleimose-Sand
Kegnäs
Ubr.w.& r.& gn.
12 sm
Dänemark
BR Deutschland
Gl-Tn.
Ubr.Grp.(2)
Kalkgrund N
Kalkgrund
Lt-F
14-11 sm
RC.N-S.
& N-Such-F.
FLENSBURGER
FÖRDE
BRED-
Blz.Grp.(3)w.
Blz.Grp.(2)w.
Fkl.unt.r.
Feuer in Linie
090°
070°
064°
045°
142°
356°
GELTINGER
BUCHT
Habernis
Gintoftholz
Steinbergholz
Steinberghaff
Koppelheck
Niesgrau
Mühlenkoppel
Stausmark
Ohrfeld
Lehbek
Ohrfeld-Haff
Jürgens-
Schott
Kalk-
grund
Birknack
Die Birk
Beverö
Falshöft
Nieby
Goldhövedberg
Grahlenstein
Kl.-Nadelhöft
Wackerballig
Gelting
Pommerby
Falshöft
Ubr.Grp.(2) w.& r.& gn.
15|15|13 sm
Zahlreiche
Winston-Steine
große Steine
St.gb.bnt.Sd.
Golsmaas
Düttebüll
Pottloch
Kronsgaard
Stenderup-Schst.

6 Schiffsort durch Kreuzpeilung

vgl. Segelführerschein BR, S. 84

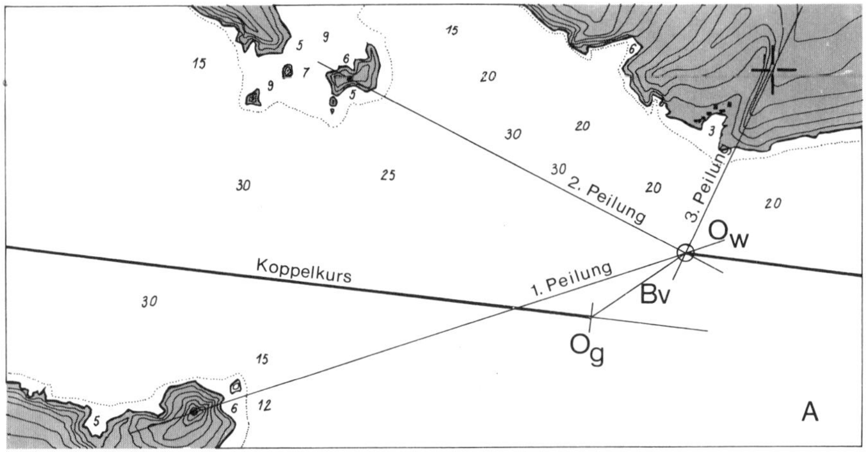

Merke: **Die Kreuzpeilung ist ein Verfahren zur Schiffsortbestimmung. Indem man unmittelbar nacheinander, also nahezu gleichzeitig, verschiedene Landmarken peilt, erhält man mehrere Standlinien, deren Schnittpunkt in der Seekarte den gesuchten Schiffsort ergibt (Abb. A).**

Hierbei ist es gleichgültig, ob man mit dem Peilkompaß oder mit der Peilscheibe arbeitet. Auf jeden Fall müssen die Peilungen in rechtweisende Peilungen verwandelt werden, bevor wir sie in die Karte eintragen.

Zum Beispiel: *Während man am Kompaß 090° steuert, peilt man kurz hintereinander mit dem Peilkompaß: LT Falshöft 237°, LT Kegnäs 293° und LT Gammel Pöl 331°. Wo steht man, wenn man von einer Mw = – 02° ausgeht?*

Falshöft		*Kegnäs*		*Gammel Pöl*	
Kp↗	237°	Kp↗	293°	Kp↗	331°
δ	+ 10°	δ	+ 10°	δ	+ 10°
mw↗	247°	mw↗	303°	mw↗	341°
Mw	– 02°	Mw	– 02°	Mw	– 02°
rw↗	245°	rw↗	301°	rw↗	339°

Wir tragen die drei rechtweisenden Peilungen in die Karte ein und erhalten als Schiffsort: φ = 54° 48,5′ N; λ = 10° 7,1′ E.

Merke: Für die Kreuzpeilung genügen eigentlich 2 Peilungen. Besser ist es jedoch, zur Kontrolle eine dritte Landmarke zu peilen. In der Karte ergibt sich dann meist ein **Fehlerdreieck,** das jedoch nicht zu groß sein darf.

Standlinien

Zur Schiffsortbestimmung benötigt man mindestens 2 Standlinien, d. h. Linien, auf denen man gerade steht: Der Schnittpunkt beider Standlinien ergibt den momentanen Schiffsort.
Die terrestrische Navigation kennt im wesentlichen 4 Arten von Standlinien, die beliebig kombiniert werden können:

- **Peilungen,** die Geraden ergeben.
- **Abstandsbestimmungen,** die Kreise ergeben (vgl. S. 42).
- **Lotungen,** die zu unregelmäßig gekrümmten Linien führen.
- **Horizontalwinkelmessungen,** die einen Kreisbogen ergeben (vgl. S. 46).

Übungen

1 Ermittle den Schiffsort aus folgenden Peilungen (Mw = –02°):

a) Bei einem KpK = 267° peilt man mit dem Kompaß:
Kirchturm *Großenbrode* 139°
Leuchtt. *Heiligenhafen* 156°
Leuchtturm *Flügge* 106°

b) Bei einem KpK = 092° peilt man mit dem Kompaß:
Leuchtturm *Kalkgrund* 262°
Leuchtturm *Falshöft* 176°
Zugleich sieht man Ober- und Unterfeuer von *Gammel Pöl* in Linie.

c) Bei einem KpK von 171° peilt man mit dem Kompaß:
Kirchturm *Kappel* 112°
und mit der Peilscheibe:
Leuchtturm *Kelds Nor* 053°
Leuchtturm *Albuen* 259°

2 Eine Yacht passiert mit KpK = 078° die Hl-Tn. *Breitgrund S* (φ = 54° 47,1′ N; λ = 10° 3,7′ E). Nachdem man nach der Logge 4 sm gelaufen ist, peilt man:

LT Gammel Pöl Kp↗ = 312°
LT Falshöft Kp↗ = 247°
LT Kegnäs Kp↗ = 286°

a) Wo steht die Yacht (Mw = –02°)?
b) Wie ist man versetzt?

3 Von der Tonne *Fehmarnsund W* aus steuert man am Kompaß 309°. Es ist 13.10 h. Mw = –02°. Mit Hilfe des Relingslogs loggt man 12 m in 4 sec.

a) Wie lautet der rwK?
b) Wie schnell läuft die Yacht?
c) Was bedeutet das Toppzeichen der Tonne *Fehmarnsund W?* Welche weiteren Angaben macht die Seekarte über diese Tonne?
d) Wo steht man um 14.20 h?
e) Gib diesen Ort nach Peilung und Abstand zum *LT Flügge* an!
f) Um 14.20 h peilt man *LT Flügge* mit dem Kompaß unter 119° und *LT Westermarkelsdorf* mit der Peilscheibe unter 118°. Zugleich lotet man 10 m Wassertiefe. Wo steht die Yacht?
g) Wie ist man versetzt?
h) Von hier aus setzt man rechtweisenden Kurs von 039° ab. Was muß am Kompaß gesteuert werden?
i) Die Fahrt bleibt unverändert. Um 15.00 h peilt man mit der Peilscheibe an Stb Leuchtturm *Flügge* mit 121° und Leuchtturm *Westermarkelsdorf* mit 37°. Wie groß ist die Besteckversetzung?

6 Schiffsort durch Kreuzpeilung

Lösungen

1 In allen drei Fällen handelt es sich um Schiffsortbestimmungen durch Kreuzpeilung, da die Peilungen gleichzeitig durchgeführt wurden.

a)	*Kr. Gr'brode*	*LT H'hafen*	*LT Flügge*
Kp↗	139°	156°	106°
δ (KpK)	– 07°	– 07°	– 07°
mw↗	132°	149°	099°
Mw	– 02°	– 02°	– 02°
rw↗	130°	147°	097°

Schiffsort: φ = 54° 26,9′ N; λ = 10° 56,1′ E.

b)	*LT Kalkgrund*	*LT Falshöft*
Kp↗	262°	176°
δ (KpK)	+ 10°	+ 10°
mw↗	272°	186°
Mw	– 02°	– 02°
rw↗	270°	184°

Als weitere Standlinie dient „Feuer in Linie" von *Gammel Pöl* Ober- und Unterfeuer: rechtweisend 45°.
Schiffsort: φ = 54° 49,5′ N; λ = 9° 58,4′ E.

c)	*Kr. Kappel*	*LT Kelds Nor*	*LT Albuen*
S↗		053°	259°
KpK		+171°	+171°
Kp↗	112°	224°	070°
δ (KpK)	+ 03°	+ 03°	+ 03°
mw↗	115°	227°	073°
Mw	– 02°	– 02°	– 02°
rw↗	113°	225°	071°

Beim Eintragen in die Karte ergibt sich ein kleines Fehlerdreieck.
Schiffsort: φ = 54° 49′ N; λ = 10° 52,1′ E.

2 a) Da alle Peilungen bei gleichem Kurs durchgeführt wurden, rechnet man schneller: Fehlweisung Fw = δ + Mw = 10° –02° = +08°.

	LT Gammel Pöl	*LT Falshöft*	*LT Kegnäs*
Kp↗	312°	247°	286°
Fw	+ 08°	+ 08°	+ 08°
rw↗	320°	255°	294°

Schiffsort: φ = 54° 48,1′ N; λ = 10° 11,3′ E.

b) Vom Koppelort, der sich aus dem rwK und der Loggedistanz von 4 sm ergibt, ist man versetzt: 27° – 0,8 sm.

3 Vergl. Kartenausschnitt nebenan!

a)		
	KpK	309°
	δ	– 10°
	mwK	299°
	Mw	– 02°
	rwK	297°

b) Es gilt: $F\,(kn) = \frac{2 \cdot \text{Meßstrecke (m)}}{\text{Durchlaufzeit (sec)}}$

$F = \frac{2 \cdot 12}{4} = \underline{\underline{6\ kn.}}$

c) Es handelt sich um eine Bb-Ansteuerungstonne für das Fahrwasser *Fehmarnsund.* Weitere Angaben: Die Tonne ist rot, mit einem weißen Funkelfeuer befeuert und einem Radarreflektor ausgerüstet.

d) Der Loggeort um 14.20 h ergibt sich aus dem abgesetzten rwK = 297° und dem zurückgelegten Weg.

$D\,(sm) = F\,(kn) \cdot t\,(h) = 6 \cdot \frac{70}{60} = \underline{\underline{7\ sm.}}$

Schiffsort: φ = 54° 27,6′ N; λ = 10° 52,2′ E.

e) 101° – 5,3 sm

f)	*LT Flügge*	*LT W'markelsdorf*
S↗		118°
KpK		+309°
Kp↗	119°	067°
Fw	– 12°	– 12°
rw↗	107°	055°

Schiffsort: φ = 54° 27,8′ N; λ = 10° 54′ E.

g) Bv = 77° – 1,0 sm.

h)		
	rwK	039°
entg.	Mw	+ 02°
	mwK	041°
entg.	δ	– 06°
	KpK	035°

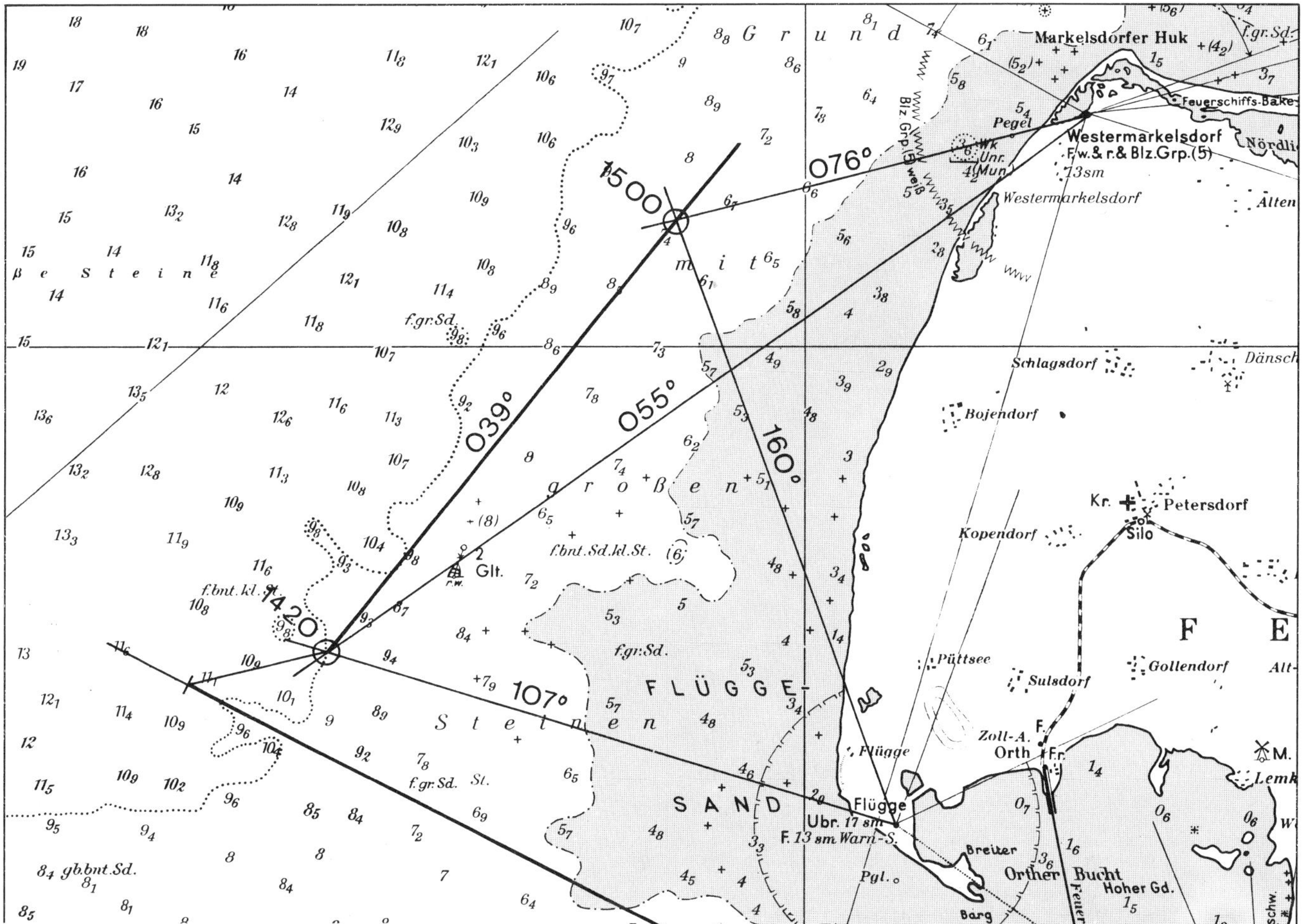

i) Man ermittelt zunächst den Koppelort. Die zwischen 14.20 h und 15.00 h zurückgelegte Distanz beträgt: D = F · t = 6 · 2/3 = 4 sm. Der Og ergibt sich durch Antragen von 4 sm auf dem rwK von 39°. Der Ow ergibt sich aus den beiden Seitenpeilungen, die in rw↗ beschickt werden:

	LT Flügge	LT W'markelsdorf
S↗	121°	037°
rwK	039°	039°
rw↗	160°	076°

Werden beide Peilungen in die Karte eingetragen, so schneiden sie sich genau im Koppelort. Man ist also nicht versetzt.

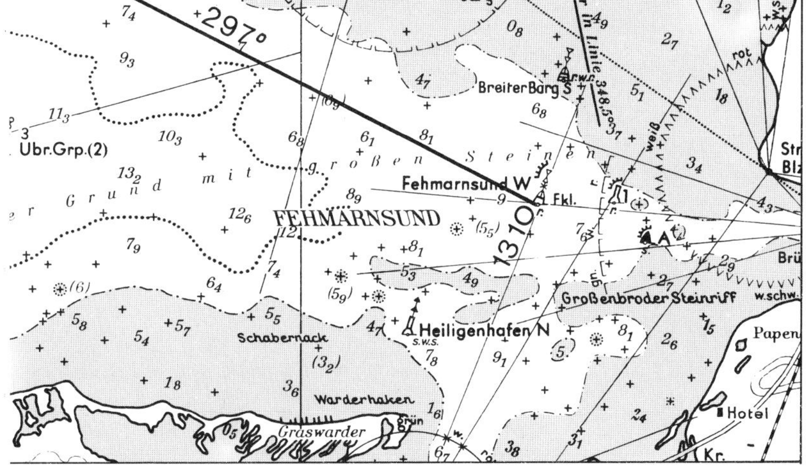

7 Schiffsort durch Doppelpeilung

vgl. Segelführerschein BR, S. 86

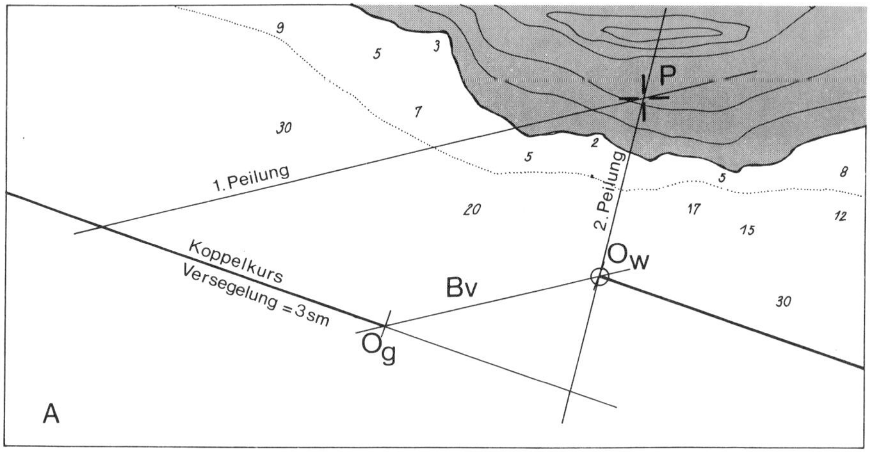

Merke: **Doppelpeilungen ermöglichen eine Schiffsortbestimmung auch dann, wenn nur ein einziges Peilobjekt sichtbar ist. Dann wird die Landmarke zweimal (also doppelt) gepeilt, das 2. Mal aber erst dann, wenn sie seit der ersten Peilung genügend ausgewandert ist. Außerdem muß die zwischen beiden Peilungen zurückgelegte Distanz (= Loggedistanz) bekannt sein.**

Zum Beispiel: *Bei einem Kompaßkurs von 100° peilt man mit dem Peilkompaß die Landmarke P zunächst unter 65°, später unter 5°. Zwischen den Peilungen wurden 3 sm zurückgelegt. Mw = +01°. Wo steht die Yacht bei der letzten Peilung (Abb. A)?*

Konstruktion:

1. Verwandele beide Peilungen in rechtweisende Peilungen und trage sie in die Karte ein!

1. Peilung		2. Peilung	
Kp↗	065°	Kp↗	005°
δ	+ 09°	δ	+ 09°
mw↗	074°	mw↗	014°
Mw	+ 01°	Mw	+ 01°
rw↗	075°	rw↗	015°

2. Trage vom Koppelort zum Zeitpunkt der 1. Peilung die Versegelung von 3 sm ab!
3. Ziehe durch den so ermittelten Loggeort Og eine Parallele zur ersten Peillinie! Sie schneidet die zweite Peillinie im gesuchten Schiffsort Ow.

Das Prinzip der Doppelpeilung kann auch dann angewandt werden, wenn nach der ersten Peilung die Landmarke verschwindet und etwas später ein anderes Peilobjekt auftaucht. Man spricht dann von der **abgestumpften Doppelpeilung.**

Beachte: Da bei Doppelpeilungen – anders als bei der Kreuzpeilung – die Versegelung zwischen den beiden Peilungen mit eingeht, können unbekannte Stromverhältnisse oder Steuerfehler große Ungenauigkeiten verursachen. Deshalb werden Doppelpeilungen in der Sportschiffahrt weitaus seltener angewandt als es der Umfang der theoretischen Darstellung vermuten läßt.

Verdoppelungspeilungen

Verdoppelungspeilungen (auch Verdoppelung der Seitenpeilung genannt) sind spezielle Doppelpeilungen: Man nimmt die 2. Peilung genau dann vor, wenn ihr mit der Kiellinie gebildete Winkel doppelt so groß ist wie bei der ersten Peilung, sich also verdoppelt hat.
Dann ist die zwischen den Peilungen zurückgelegte Versegelung gleich dem Abstand zum Peilobjekt beim letzten Peilzeitpunkt.

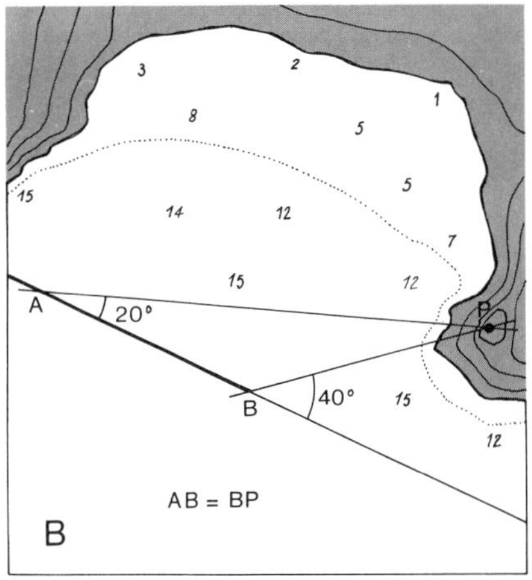

Zum Beispiel:
Die Landmarke P wird bei der 1. Peilung unter 20°, bei der 2. Peilung unter 40° an Bb gepeilt (vgl. Abb. B). KpK = 110°, Mw = –03°. Loggedistanz zwischen beiden Peilungen: 4 sm. Wo steht man?

Konstruktion:
1. Die letzte Peilung wird mit Mw und δ beschickt und in die Karte eingetragen:

KpK	110°
δ	+ 08°
mwK	118°
Mw	– 03°
rwK	115°

S↗	320°
rwK	115°
rw↗	075°

2. Die abgelaufene Distanz von 4 sm wird vom Peilobjekt P auf der 2. Peillinie abgetragen. Als Schnittpunkt ergibt sich der Schiffsort.

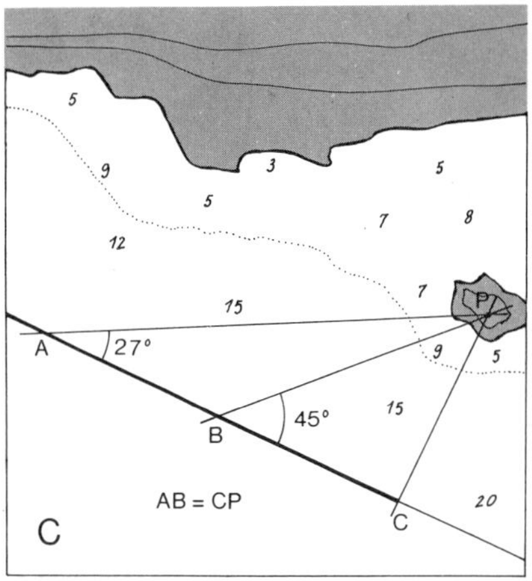

Die 27°/45°-Peilung
Hier nimmt man die erste Seitenpeilung bei 27°, die zweite bei 45°. Dann entspricht die versegelte Distanz dem zu erwartenden Passageabstand.

Zum Beispiel:
Bei einer 27°/45°-Peilung liest man auf der Logge zuerst 17,6 und dann 21,1 ab. KpK = 110°, Mw = +02°. Kann man bei gleichbleibendem Kurs sicher weiterlaufen (vgl. Skizze C)?

Konstruktion:
1. Trage das Lot zum angesetzten Koppelkurs von P aus in die Karte ein!
2. Trage die Loggedistanz von 21,1 sm – 17,6 sm = 3,5 sm von P aus ab. Der Schnittpunkt ergibt den zu erwartenden Passageabstand.

Vorteil dieses Verfahrens: Man kennt rechtzeitig den Passageabstand.
Nachteil: Ungünstige Schnittwinkel!

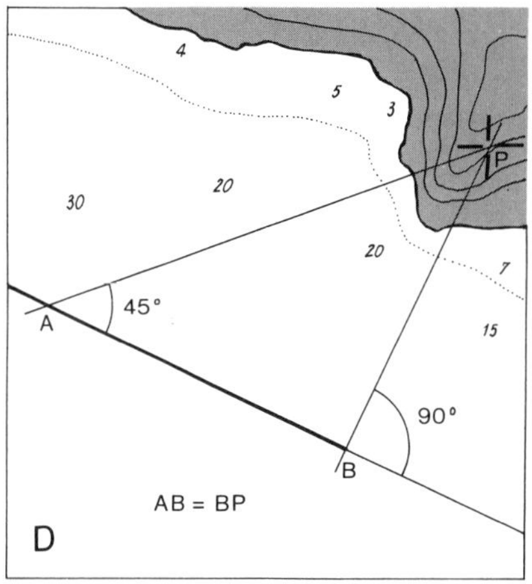

Die 4-Strich-Peilung
Hier wird die erste Peilung bei 45°, die zweite bei 90° vorgenommen. Dann entspricht die Versegelung dem Passageabstand zum zweiten Peilzeitpunkt. Die zeichnerische Lösung erfolgt wie bei der 27°/45°-Peilung (Abb. D).

Vorteil: Günstige Schnittwinkel.
Nachteil: Man erfährt zu spät, ob der Passageabstand groß genug ist.

7 Schiffsort durch Doppelpeilung

Übungen

1 Vom Feuerschiff *Fehmarnbelt* ausgehend setzt man rechtweisenden Kurs mit 290° ab. Als *LT Kelds Nor* in Sicht kommt, peilt man ihn mit dem Kompaß unter 341°, die Logge zeigt 12,3. Sobald die Logge 14,5 zeigt, peilt man den Leuchtturm unter 002° am Kompaß. Mw = –02°.

a) Wo steht man zum Zeitpunkt der letzten Peilung?
b) Wie stark ist man versetzt?

2 Bei einem rechtweisenden Koppelkurs von 235° läuft man südöstlich an *Langeland* vorbei. Bei einem Loggestand von 53,0 peilt man den *LT Kelds Nor* am Kompaß mit 271°, etwas später bei einem Loggestand von 55,1 mit 301°. Wo steht man (Mw = –02°)?

3 Bei einem rechtweisenden Kurs von 74° will man an der *Markelsdorfer Huk* vorbeilaufen (*NW-Fehmarn*). Wegen der vorgelagerten Unreinheiten möchte man sich vom *LT Westermarkelsdorf* mindestens mit 1,5 sm freihalten.
Bei einer Fahrt von 6 kn peilt man den Leuchtturm um 12.10 h mit einer Seitenpeilung von 27° und um 12.22 unter 45°.
Wie groß ist der Passierabstand?

4 Man läuft mit rechtweisend 032° östlich von *Langeland* in den *Großen Belt*. Bei einem Loggestand von 15,3 peilt man den Leuchtturm *Kelds Nor* mit der Peilscheibe unter 315°. Als später die Logge 17,0 angibt, peilt man den Leuchtturm mit 270°.
Wo steht man bei der 2. Peilung?

5 Bei mäßigem SW-Wind, etwa 3 Bft. kommt eine Yacht auf Bb-Bug laufend aus dem *Kleinen Belt*. Am Kompaß werden 152° gesteuert, Mw = –02°. Man beobachtet um 20.40 h folgende Leuchtfeuererscheinungen:

– In etwa 3 Strich Bb voraus: ein weißes Blitzfeuer mit Gruppen von 3 Blitzen. Man ermittelt bei der Seitenpeilung in Bb 39°.

– Etwa Stb querab ein schwaches rotes unterbrochenes Feuer mit Gruppen von 2 Unterbrechungen. Man peilt an Stb 82°.

– Etwas weiter achterlich, ebenfalls an Stb, ein weiteres rotes unterbrochenes Feuer, das man jedoch nicht peilt.

– Nochmals weiter achterlich ein weißes Blitzfeuer. Man peilt es an Stb unter 122°.

a) Um welche Feuer handelt es sich?
b) Warum wurde das rote unterbrochene Feuer nicht gepeilt?
c) Wo steht die Yacht um 20.40 h?
d) Man loggt die Fahrt mit 9 m in 3 Sekunden. Bei gleichem Kurs peilt man um 21.20 h abermals *LT Vejsnäs Nakke* an Bb unter 86°. Wo steht die Yacht um 21.20 h?
e) Wie stark ist man versetzt?
f) Von hier aus wird rechtweisend Ost-Kurs abgesetzt. Auf diesem Kurs peilt man bald Leuchtturm *Vejsnäs Nakke* unter 27° an Bb bei einem Loggestand von 26,6 und etwas später unter 45° an Bb bei einem Loggestand von 27,8.
Wo steht man zum Zeitpunkt der letzten Peilung?
g) Wie groß wird der Passierabstand zum Leuchtturm sein?
h) Bei einem Loggestand von 29,2 peilt man den Leuchtturm an Bb querab. Was ergibt sich aus dieser Angabe unmittelbar?

7 Schiffsort durch Doppelpeilung

Lösungen

1 a) Beide Kompaßpeilungen werden beschickt:

Kp↗	341°	002°
δ (KpK)	− 10°	− 10°
mw↗	331°	352°
Mw	− 02°	− 02°
rw↗	329°	350°

Beachte, daß die Deviation des KpK = 302° eingesetzt werden muß!
Dann wird die Loggendistanz errechnet:

Loggestand neu	14,5
− Loggestand alt	12,3
Loggedistanz	2,2

Wenn man beide rechtweisenden Peilungen und die Versegelung von 2,2 sm durch Parallelverschiebung einträgt, erhält man als Schiffsort: $\varphi = 54° \ 40{,}2' \ N$; $\lambda = 10° \ 44{,}5' \ E$.
b) Bv = 170° − 1,4 sm.

2 Es handelt sich um eine Verdoppelungspeilung, denn die 1. Peilung wurde in 30° an StB vorgenommen, die 2. Peilung in 60°. Dies erkennt man deutlich, wenn man den rwK mit seiner Fehlweisung zum KpK beschickt:

	rwK	235°
entg.	Fw	+ 06°
	KpK	241°

Zur Schiffsortermittlung braucht nur die letzte Peilung zur rechtweisenden Peilung beschickt werden:

Kp↗	301°
Fw	− 06°
rw↗	295°

Auf dieser Peillinie wird die Loggedistanz von 2,1 sm vom *LT Kelds Nor* aus abgetragen.
Schiffsort: $\varphi = 54° \ 43' \ N$; $\lambda = 10° \ 46{,}7' \ E$.

3 Es handelt sich um eine 27°/45°-Peilung. Der Passageabstand entspricht dann der Versegelung zwischen beiden Peilungen.

Es gilt: $$D\ (sm) = \frac{F\ (kn) \cdot t\ (min)}{60}$$

$$= \frac{6 \cdot 12}{60} = \underline{\underline{1{,}2.}}$$

Der Passageabstand wird 1,2 sm betragen. Man muß also noch etwas weiter abhalten, will man mit 1,5 sm passieren.

4 Man hat eine 4-Strich-Peilung an Bb vorgenommen. Zur Auswertung braucht nur die letzte Peilung beschickt werden:

S↗	270°
rwK	032°
rw↗	302°

Auf dieser Peillinie trägt man die Versegelung von 1,7 sm ab und erhält als Schiffsort: $\varphi = 54° \ 43' \ N$; $\lambda = 10° \ 45{,}9' \ E$.

5 Vgl. Kartenausschnitt nebenan!
a) Man hat folgende Leuchtfeuer beobachtet:
– *Vejsnäs Nakke* – *Kegnäs*
– *Falshöft* – *Gammel Pöl.*
b) Bei der ausgeführten Kreuzpeilung ergäbe die Standlinie vom Leuchtfeuer *Kegnäs* einen ungünstigen Schnittwinkel, nämlich einen „schleifenden Schnitt".
c) Beschickung des KpK:

KpK	152°
δ	+ 05°
mwK	157°
Mw	− 02°
rwK	155°

Vor der Beschickung der Seitenpeilungen muß die Bb-Peilung von *LT Vejsnäs Nakke* in eine Rundum-Peilung verwandelt werden:
360° − 039° = 321°

	Vejsnäs N.	*Falshöft*	*Gammel Pöl*
S↗	321°	082°	122°
rwK	155°	155°	155°
rw↗	116°	237°	277°

Schiffsort: $\varphi = 54° \ 52{,}2' \ N$; $\lambda = 10° \ 14{,}4' \ E$.

d) Die Beschickung ergibt:

S↗	086° ≙ 274°	
rwK		155°
rw↗		069°

Die Fahrt der Yacht beträgt: $\frac{2 \cdot 9}{3} = 6$ kn.

Zwischen beiden Peilungen wurde zurückgelegt: $D = F \cdot t = 6 \cdot \frac{40}{60} = \underline{\underline{4 \text{ sm.}}}$

Die Doppelpeilung ergibt als Schiffsort: $\varphi = 54° \; 47{,}9' \; N$; $\lambda = 10° \; 20' \; E$.

e) Um die Besteckversetzung zu ermitteln, muß der Loggeort für 21.10 h eingetragen werden. Davon ausgehend erhält man: Bv = 116° – 1,7 sm.

f) Die Beschickung der Peilungen ergibt:

S↗	027° ≙ 333°	045° ≙ 315°
rwK	090°	090°
rw↗	063°	045°

Die Konstruktion der Doppelpeilung ergibt als Schiffsort: $\varphi = 54° \; 47{,}9' \; N$; $\lambda = 10° \; 23{,}5' \; E$.

g) Der Passierabstand ist gleich der Loggedifferenz, da eine 27°/45°-Peilung vorgenommen wurde. Also: 27,8 – 26,6 = 1,2 sm.

h) Man ist offensichtlich etwas nach Süden versetzt worden. Denn die 45°-Peilung und die Querab-Peilung bilden eine Vierstrich-Peilung, bei der der Querabstand gleich der Loggedifferenz ist. Hierbei ergibt sich 29,2 – 27,8 = 1,4 sm. Kurz zuvor hat man jedoch noch einen zu erwartenden Querabstand von 1,2 sm errechnet.

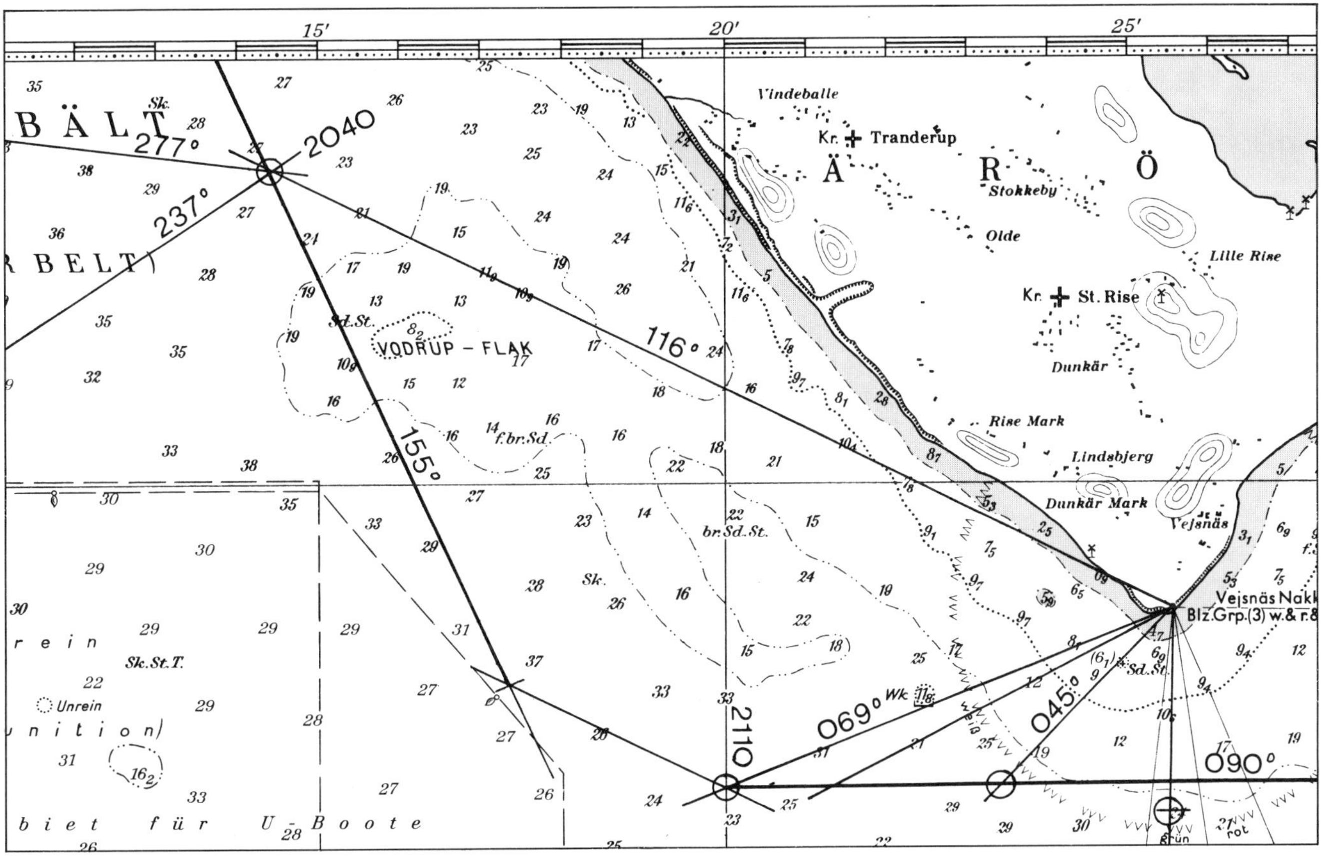

8 Abstandsbestimmung

Jede Abstandbestimmung ergibt eine kreisförmige Standlinie mit dem Radius des Abstandes um den Punkt, zu dem der Abstand ermittelt wurde.

Am häufigsten verwendet man folgende Verfahren:

vgl. Segelführerschein BR, S. 76–79

- **Abstand eines Feuers in der Kimm**
- **Abstand durch Höhenwinkelmessung**

Merke:

1. Feuer in der Kimm (Abb. A):

Der Abstand A eines Leuchtfeuers, das gerade in der Kimm erscheint, ist abhängig von der Höhe H der Laterne über dem Wasserspiegel und der Augenhöhe Ah des Beobachters. Allgemein gilt:

$$A\,(\text{sm}) = 2{,}1 \cdot \left(\sqrt{H\,(\text{m})} + \sqrt{Ah\,(\text{m})}\right)$$

Die Laternenhöhe H entnimmt man dem Leuchtfeuerverzeichnis.

Zum Beispiel:

Auf einer Yacht taucht ein Feuer in der Kimm auf, dessen Laterne 49 m über dem Wasserspiegel liegt. Ah = 2 m. Wie weit ist man vom Leuchtturm entfernt?

$$A = 2{,}1 \cdot (\sqrt{49} + \sqrt{2}) = 2{,}1 \cdot (7 + 1{,}4) = \underline{\underline{17{,}4\ \text{sm}}}$$

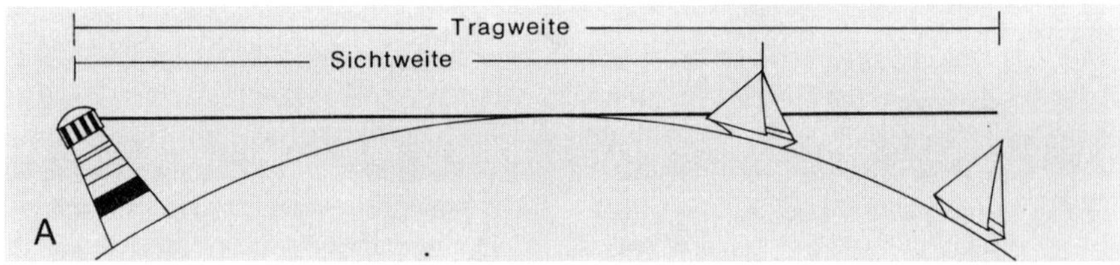

Merke:

2. Höhenwinkelmessung (Abb. B):

Der Abstand A einer Landmarke (Berggipfel, Leuchtturm), deren Höhe H aus der Seekarte oder dem Leuchtfeuerverzeichnis bekannt ist, ist abhängig von dem Winkel n, unter dem uns die Landmarke von See aus erscheint. Allgemein gilt:

$$A\,(\text{sm}) = \frac{13}{7} \cdot \frac{H\,(\text{m})}{n\,(\text{min})}$$

Zum Beispiel:

Auf einer Yacht wird der Höhenwinkel eines Turmes (Turmspitze bis Wasserspiegel: 48 m) mit 30 Minuten gemessen. Wie weit ist man vom Turm entfernt?

$$A = \frac{13}{7} \cdot \frac{48}{30} \approx \underline{\underline{3\ \text{sm}}}$$

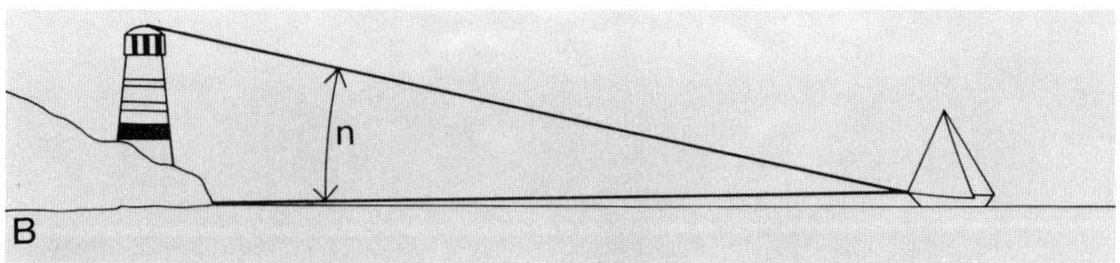

Hinweis:
Anstelle der Formeln können auch die Tabellen *Abstand eines Feuers in der Kimm* im Leuchtfeuerverzeichnis und *Höhenwinkel in Minuten (Fulst, Nautische Tafeln 10)* verwendet werden, vgl. S. 98/99. Bei der Höhenwinkelmessung beachte den Hinweis auf S. 97!

Merke: Diese Formel gilt jedoch nur solange, wie der Fußpunkt der Landmarke sichtbar ist, also vor der Kimm liegt. Liegt der **Fußpunkt hinter der Kimm,** so muß der gemessene Höhenwinkel n mit der sog. **Kimmtiefe k** berichtigt werden. Dann gilt angenähert:

$$A\,(\text{sm}) = \frac{13}{7} \cdot \frac{H\,(\text{m})}{n\,(\text{min}) - k\,(\text{min})}$$

Die von der Augenhöhe Ah abhängige Kimmtiefe k entnehmen wir der Tafel 26 in *Fulst, Nautische Tafeln,* vgl. S. 98.
Dieses Verfahren hat vor allem bei der Annäherung an hohe Berggipfel, wie z. B. im Mittelmeer, Bedeutung.

Zum Beispiel: *Man mißt den Höhenwinkel eines 140 m hohen Berggipfels aus einer Augenhöhe von 3 m mit dem Sextanten unter 29,1′. Wie weit ist man entfernt?*
Man erhält k aus Tafel 26 mit 3,1′. Dann rechnet man:

$$A\,(sm) = \frac{13}{7} \cdot \frac{140}{29{,}1 - 3{,}1} = 10\,sm.$$

Man ist etwa noch 10 sm von dem Berggipfel entfernt.

Übungen

1 Wie weit ist man von folgenden Leuchttürmen entfernt, wenn man bei normalen Sichtverhältnissen die angegebenen Feuererscheinungen gerade in der Kimm wahrnehmen kann? Verwende den Auszug aus dem Leuchtfeuerverzeichnis auf S. 97/98 und die Tabelle *Abstand eines Feuers in der Kimm* auf S. 99!

a) *LF Falshöft,* weißer Sektor, Ah = 3 m
b) *LF Kegnäs,* weißer Sektor, Ah = 2 m
c) *LF Kalkgrund,* Sektor des Blitzfeuers, Ah = 4 m.
d) *LF Kalkgrund,* grüner Festfeuersektor, Ah = 2 m.

2 Auf einer Yacht setzt man am *LT Schleimünde* einen rwK von 060° ab. Wo steht die Yacht, als man aus einer Augenhöhe von 3 m voraus erstmals ein weißes Blitzfeuer (3) wahrnimmt? Vgl. den Auszug aus dem Leuchtfeuerverzeichnis auf S. 97!

3 Berechne den Abstand aus folgenden Messungen:

a) *LT Falshöft* unter 17,8′. Gemessen wurde die Turmhöhe.
b) *LT Kegnäs* unter 7,4′. Gemessen wurde die Turmhöhe.
c) *LT Kegnäs* unter 31′. Gemessen wurde die Turmspitze bis zum Wasserspiegel.
d) *LT Kalkgrund* unter 26′. Gemessen wurde die Turmhöhe.
e) Ein Hügel auf φ = 54° 31,8′ N; λ = 9° 58′ E unter 33′. Gemessen wurde bis zum Wasserspiegel.

4 Eine Yacht steht um 13.40 h an der Tonne *Mittelgrund S* in der *Eckernförder Bucht.* Von hier wird Kurs abgesetzt zur Tonne *Gabelsflach Ost.* Mw = –02°.

a) Was wird am Kompaß gesteuert?
b) Das Speedometer zeigt 6 kn Fahrt. Wo müßte man voraussichtlich um 14.35 h stehen?
c) Um 14.35 h mißt man zur Kontrolle den Höhenwinkel, unter dem *LT Bülk* erscheint, mit 15,5′ und den Höhenwinkel, unter dem *LT Kiel* erscheint, mit 22,3′. Wo steht die Yacht?
d) Wie ist man versetzt?
e) Von hier aus wird Kurs abgesetzt zur Tonne *Gabelsflach Ost.* Nach einiger Zeit mißt man nochmals den Höhenwinkel *LT Kiel,* diesmal mit 18,6′. Zugleich peilt man den *LT Kiel* mit der Peilscheibe unter 166°. Wo steht man?

8 Abstands-bestimmung

Lösungen

1 a) Aus dem Leuchtfeuerverzeichnis entnimmt man die Feuerhöhe mit 25 m. Ah = 3 m. Dann gilt:
$D = 2{,}1 \cdot (\sqrt{25} + \sqrt{3}) = 14{,}0$ sm.
Aus der Tabelle erhält man: 13,9 sm.

b) Feuerhöhe = 32 m; Ah = 2 m.
Sichtweite: 14,6 sm.

c) Feuerhöhe = 23 m; Ah = 4 m.
Sichtweite: 14,1 sm.

d) Feuerhöhe = 23 m; Ah = 2 m.
Sichtweite: 12,9 sm.
Hier fallen Sichtweite und Tragweite fast zusammen. Bei schlechten Sichtverhältnissen kann das Feuer durchaus erst später sichtbar werden – dann allerdings nicht mehr in der Kimm, sondern vor der Kimm.

2 Man könnte annehmen, daß man gerade das Leuchtfeuer *Vejsnäs Nakke* in der Kimm wahrnimmt. Dann ergäbe sich folgender Abstand:
Feuerhöhe = 24 m; Ah = 3 m.
Sichtweite: 13,7 sm.
Diese Rechnung gilt aber nur dann, wenn das Feuer mindestens so weit trägt, wie sich die Sichtweite errechnet. In unserem Fall gibt das Lfv. jedoch nur 7 sm als Tragweite an. Man ist deshalb also höchstens 7 sm vom Leuchtturm entfernt.

Beachte, daß eine Abstandsbestimmung allein aus der Tragweite eines Feuers äußerst ungenau ist, da sie durch ungünstige Sicht- und Witterungsverhältnisse stark verringert sein kann.

3 a) Turmhöhe aus dem Lfv.: 24 m.
Entfernung aus der Tabelle: 2,5 sm.

b) Turmhöhe aus dem Lfv.: 18 m.
Entfernung aus der Tabelle: 4,5 sm.

Selbst bei einer niedrigen Augenhöhe des Beobachters liegt der Fußpunkt noch nicht jenseits der Kimm. Denn der Turm steht, wie man dem Lfv. entnimmt, auf einem kleinen Hügel, da die Lichtquelle des Leuchtfeuers auf 32 m Höhe liegt.

c) Turmhöhe bis zum Wasserspiegel = 33 m, wenn man davon ausgeht, daß die Lichtquelle des Feuers 1 m unter der Turmspitze liegt.
Entfernung aus der Tabelle: 2,0 sm.

d) Turmhöhe aus dem Lfv.: 24 m.
Entfernung aus der Tabelle: 1,75 sm.

e) Höhe des Hügels aus der Karte: 48 m.
Entfernung aus der Tabelle: 2,75 sm.

4 Vgl. Kartenausschnitt nebenan!

a)

	rwK	084°	(aus der Karte)
entg.	Mw	+ 02°	
	mwK	086°	
entg.	δ	− 10°	
	KpK	076°	

b) Fahrtzeit: 14.35 h − 13.40 h = 55 min.

$$\text{Es gilt: } D\,(\text{sm}) = \frac{F\,(\text{kn}) \cdot t\,(\text{min})}{60}$$

$$= \frac{6 \cdot 55}{60} = 5{,}5 \text{ sm.}$$

Den Koppelort erhält man durch Antragen dieser 5,5 sm auf dem Koppelkurs von 84°. Man erhält:
$\varphi = 54°\ 30{,}8'$ N; $\lambda = 10°\ 12{,}7'$ E.

c) Höhe *LT Bülk* aus Lfv.: 25 m
Entfernung aus Tabelle: 3,0 sm.
Höhe *LT Kiel* aus Lfv.: 30 m.
Entfernung aus Tabelle: 2,5 sm.
Trägt man beide Standlinien mit einem Zirkel ein, so ergeben sich 2 Schnittpunkte. Der südöstliche von beiden ist auf diesem Koppelkurs wohl völlig unwahrscheinlich und scheidet aus. Man erhält dann als Schiffsort:
$\varphi = 54° \; 30{,}3' \; N$; $\lambda = 10° \; 12{,}3' \; E$.

d) Bv = 203,5° – 0,5 sm.

e) Entfernung *LT Kiel* aus Tabelle: 3,0 sm.

S↗	166°	
rwK	079°	(aus der Karte)
rw↗	245°	

Als Schiffsort ergibt sich:
$\varphi = 54° \; 31{,}3' \; N$; $\lambda = 10° \; 21{,}2' \; E$.

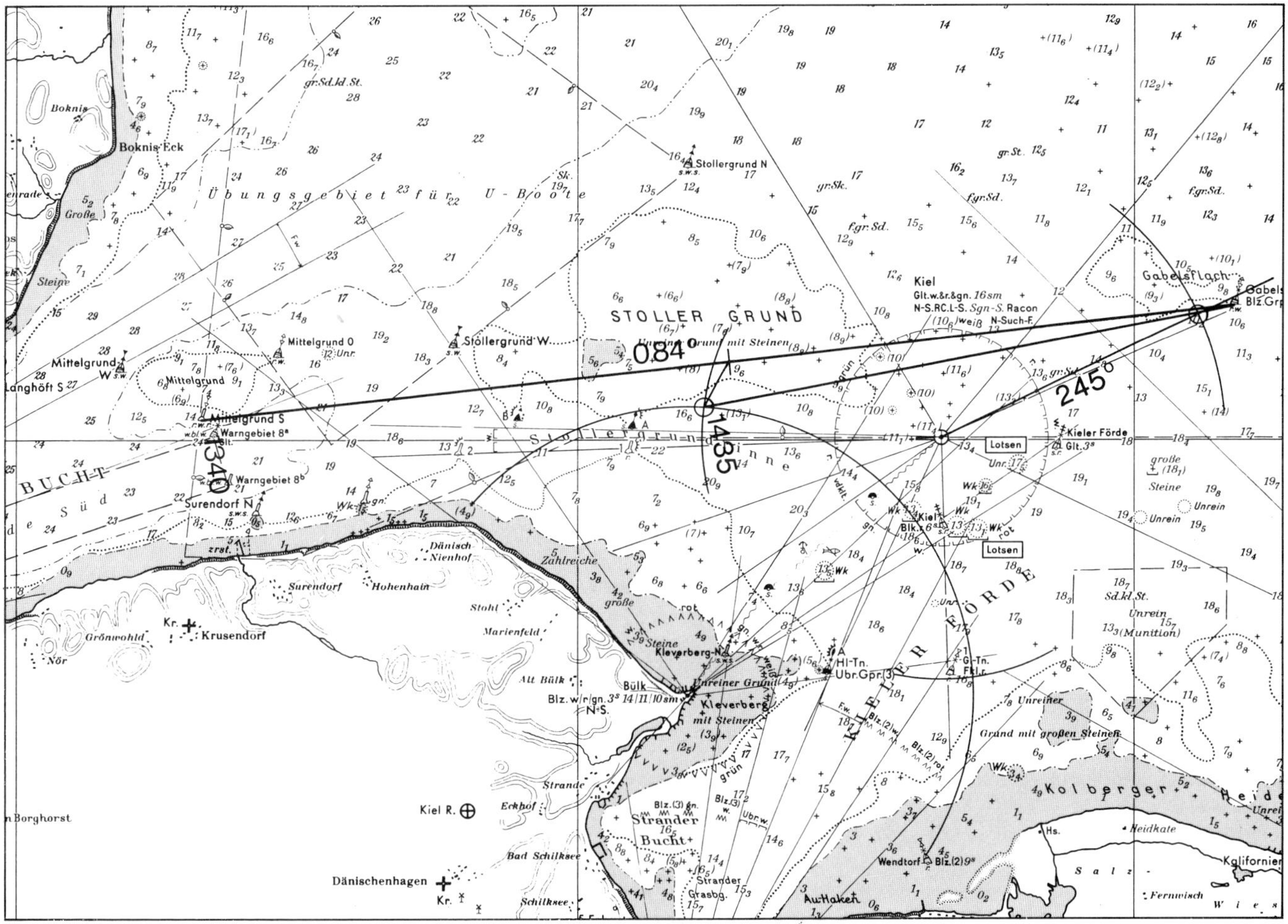

9 Horizontalwinkelmessung

vgl. Segelführerschein BR, S. 81, 88

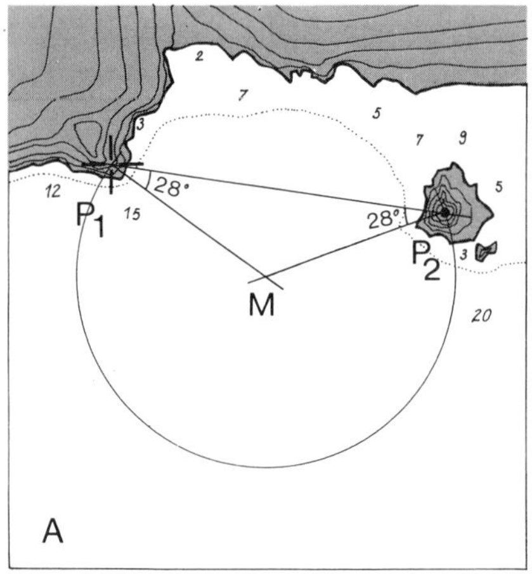

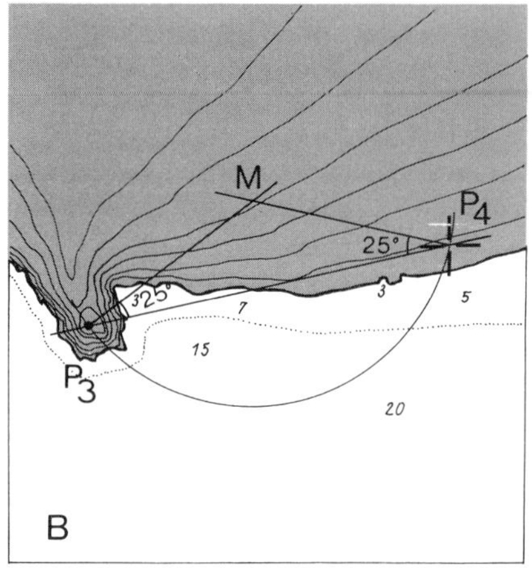

Merke: **Die Horizontalwinkelmessung ergibt eine kreisbogenförmige Standlinie, indem man mit dem Sextanten den Winkel mißt, unter dem vom Beobachtungsort aus zwei verschiedene Landmarken erscheinen.**

Es handelt sich also nicht um eine Peilung, sondern um eine von der Nordrichtung unabhängige Winkelmessung, die deshalb eine sehr genaue Standlinie ergibt, weil keine Kompaßfehler – wie Mißweisung oder Deviation – eingehen.

Zum Beispiel: *Auf einer Yacht wird der Horizontalwinkel zwischen P_1 und P_2 mit 62° gemessen (vgl. Abb. A). Wo steht die Yacht?*

Konstruktion:

1. Verbinde die Punkte P_1 und P_2!
2. Bilde den Ergänzungswinkel zu 90°, also: $90° - 62° = 28°$.*
3. Trage in P_1 und P_2 jeweils 28° zum Schiffsort hin an!
4. Der Schnittpunkt M dieser beiden Linien ist der Mittelpunkt unserer Standlinie. Wir ziehen also einen Kreis um M mit dem Radius MP_1 bzw. MP_2. Irgendwo auf diesem Kreisbogen steht die Yacht.

* Falls der **gemessene Winkel größer als 90°** ist, ergibt sich hierbei ein negativer Wert. Dann müssen wir den gefundenen Winkel **vom Schiffsort weg** antragen.

Zum Beispiel: *Man hat einen Horizontalwinkel von 115° gemessen. Wo ist der Mittelpunkt unserer Standlinie (vgl. Abb. B)?*

1. Wir rechnen: $90° - 115° = -25°$.
2. Wir tragen in P_3 und P_4 jeweils 25° vom Schiffsort weg an und erhalten so den Mittelpunkt M unserer Standlinie.

Merke: Schneller und einfacher arbeitet man mit dem **Taschenrechner,** indem man unmittelbar den Radius r der Standlinie errechnet aus:

$$r = \frac{d}{2 \cdot \sin \alpha}$$

Hierbei ist α der gemessene Horizontalwinkel; und d ist der Abstand zwischen den beiden Landmarken P_1 und P_2, den wir unmittelbar der Seekarte entnehmen können.
Mit r im Zirkel ziehen wir je einen Kreisbogen um P_1 und P_2 und erhalten als Schnittpunkt den Mittelpunkt M. Und um M ziehen wir mit dem gleichen Radius r einen weiteren Kreis, der bereits die gesuchte Standlinie darstellt.

Übungen

1 Errechne aus dem gemessenen Horizontalwinkel α den Ergänzungswinkel zu 90° (β) und gib an, ob der Beobachter auf dem größeren oder kleineren Bogenstück steht!
Gemessene Horizontalwinkel:

a) $\alpha = 19° 16'$
b) $\alpha = 48° 40'$
c) $\alpha = 90°$
d) $\alpha = 117° 33'$
e) $\alpha = 135° 59'$

2 Auf einer Yacht mißt man den Horizontalwinkel zwischen Leuchtturm *Kegnäs* und Leuchtturm *Gammel Pöl* mit 48° 50′. Zugleich peilt man mit dem Kompaß Leuchtturm *Kegnäs* unter 316°, während gerade 260° gesteuert wurden. Mißweisung = −02°.
a) Wo steht die Yacht?
b) Welchen Nachteil hat diese Art von Schiffsortbestimmung?

3 Man mißt den Horizontalwinkel zwischen *LT Kegnäs* und *LT Gammel Pöl* wiederum mit 48° 50′. Zugleich wird jedoch der Höhenwinkel gemessen, unter dem der *LT Kegnäs* erscheint. Man mißt 13,4′.
a) Wo steht die Yacht?
b) Was ist über die Qualität dieser Ortsbestimmung zu sagen?

4 Außer dem obigen Horizontalwinkel zwischen *LT Gammel Pöl* und *LT Kegnäs* von 48° 50′ mißt man den Horizontalwinkel zwischen *LT Kegnäs* und *LT Falshöft* mit 73°. Wo steht man?

5 Der Horizontalwinkel zwischen *LT Falshöft* und *LT Kegnäs* beträgt 31° 30′, der Horizontalwinkel zwischen *LT Kegnäs* und *LT Gammel Pöl* 19° 30′. Wo steht die Yacht?

6 Eine aus dem *Kleinen Belt* in die *Flensburger Förde* einlaufende Yacht möchte auf keinen Fall über die 4-m-Stelle südöstlich von *Gammel Pöl* laufen. Aus diesem Grund soll in der Seekarte der sogenannte „Gefahrenwinkel" bestimmt werden, unter dem *LT Kegnäs* und *LT Gammel Pöl* erscheinen. Unter Gefahrenwinkel versteht man denjenigen Horizontalwinkel zwischen den beiden Landmarken, der nicht überschritten werden darf, wenn man nicht auf die Untiefe geraten will.

9 Horizontalwinkelmessung

Lösungen

1 a) $\beta = 70° 44'$, größerer Bogen.
b) $\beta = 41° 20'$, größerer Bogen.
c) $\beta = 0°$. Hier ist die Verbindung zwischen beiden Landmarken der Kreisdurchmesser, d. h. der Mittelpunkt dieser Verbindung ist bereits der Kreismittelpunkt. Die Bestimmung des Ergänzungswinkel ist also unnötig.
d) $\beta = -27° 33'$, kleinerer Bogen.
e) $\beta = -45° 59'$, kleinerer Bogen.

2 a) Die Kompaßpeilung wird beschickt:

Kp↗	316°
δ	− 06°
mw↗	310°
Mw	− 02°
rw↗	308°

Als Ergänzungswinkel zu 90° erhält man:
$\beta = 90° - 48° 50' = 41° 10'$.
Werden beide Standlinien eingetragen, so ergibt sich als Schiffsort die schwarze Tonne mit 2 Besen abwärts als Toppzeichen auf $\varphi = 54° 48{,}8'$ N; $\lambda = 10° 4{,}7'$ E (vgl. Kartenausschnitt nebenan).
b) Obwohl hier mit der genauesten Standlinie der terrestrischen Navigation, nämlich der Horizontalwinkelmessung gearbeitet wurde, entfällt durch die Peilung dieser Vorteil: Sie bringt wieder die Unsicherheiten der Kompaßfehler in die Schiffsortbestimmung hinein. Deshalb ist es vernünftiger, als zweite Standlinie eine weitere Horizontalwinkelmessung oder eine Höhenwinkelmessung vorzunehmen.

3 a) Turmhöhe aus Lfv.: 18 m.
Entfernung aus Tabelle: 2,5 sm.
Wir erhalten 2 Standlinien: Einmal den Kreisbogen durch die Horizontalwinkelmessung, zum anderen einen Kreis um den *LT Kegnäs* mit Radius von 2,5 sm aus der Höhenwinkelmessung. Der Schnittpunkt beider ergibt den Schiffsort: $\varphi = 54° 49'$ N; $\lambda = 10° 1{,}1'$ E (vgl. Kartenausschnitt nebenan).
b) Dieses Verfahren kann ohne Kompaß und seine Fehler durchgeführt werden – ebenso wie die Ortsbestimmung aus 2 Horizontalwinkelmessungen. Es zählt deshalb zu den besten Möglichkeiten der terrestrischen Navigation.

4 Für die 2. Horizontalwinkelmessung ergibt sich folgender Ergänzungswinkel zu 90°: $\beta = 90° - 73° = 17°$.
Wird auch diese Standlinie eingetragen, so erhalten wir denselben Schiffsort wie in Übung 2.

5 Zunächst werden wieder die Ergänzungswinkel zu 90° gebildet. Man erhält für die erste Messung 58° 30′, für die zweite Messung 70° 30′.
Bei der Konstruktion der beiden Standlinien müssen wir feststellen, daß sie übereinander fallen und wir keinen Schnittpunkt erhalten. Es liegt der (sehr seltene, aber mögliche) Fall vor, daß alle 3 Landmarken und der Beobachtungspunkt auf ein und demselben Kreisbogen liegen. Wir haben also nur eine Standlinie erhalten (vgl. Kartenausschnitt nebenan), aber keinen Schiffsort.

6 Der gesuchte Gefahrenwinkel beträgt 60°. Vgl. Kartenausschnitt nebenan!
Man erhält den Gefahrenwinkel, indem man von den beiden Leuchttürmen ausgehend 2 Linien an der gefährlichen 4-m-Stelle vorbeiführt. Wir können ihn so unmittelbar in der Karte messen. Der Schiffsführer unserer Yacht weiß nun, daß bei einer Horizontalwinkelmessung dieser Winkel nicht überschritten werden darf, um von der Untiefe frei zu bleiben. Denn je größer der Winkel, desto näher an den Landmarken befindet man sich.

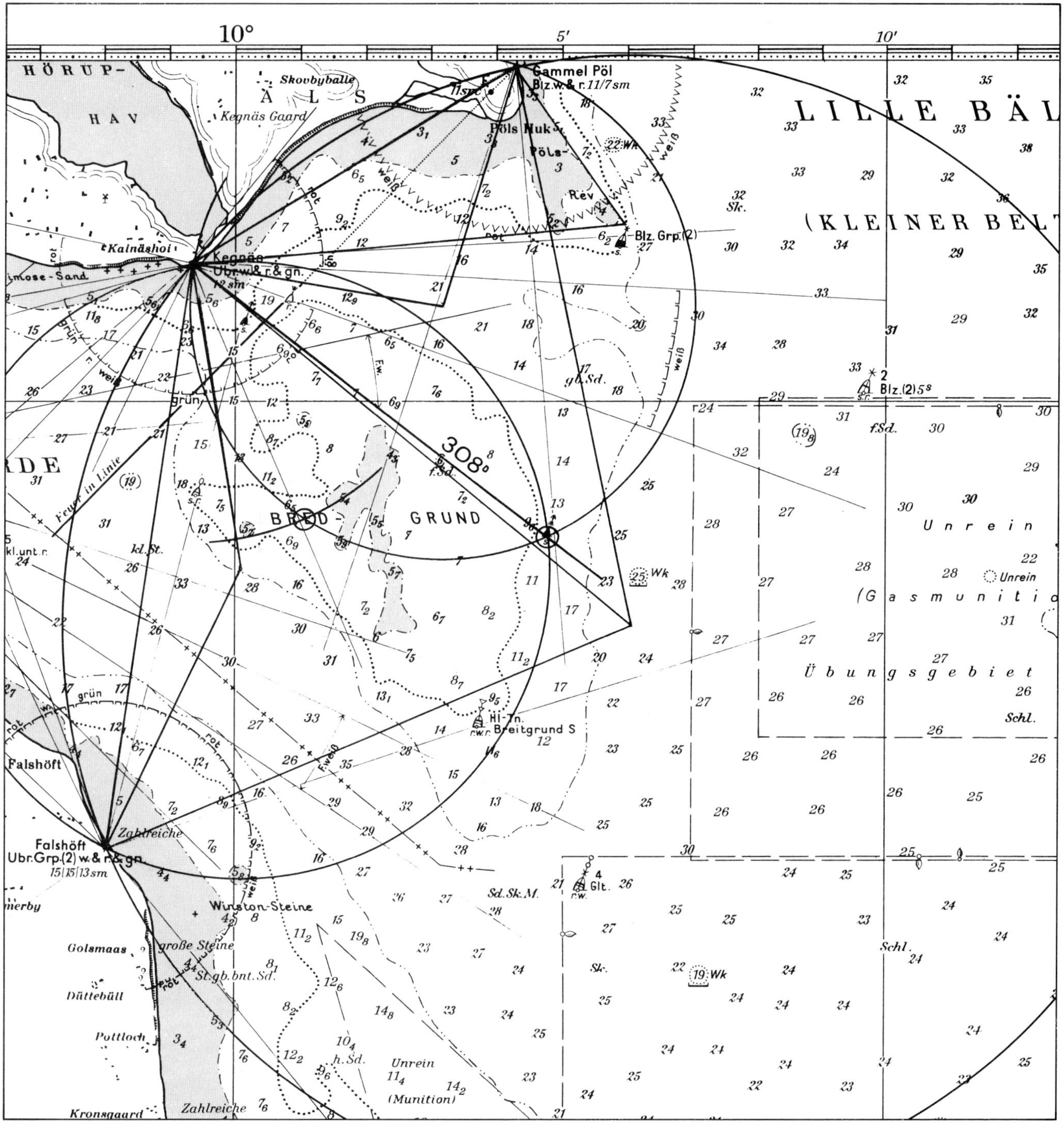

10°
5'
10'
HÖRUP-
HAV
Skovbyballe
ÄLS
Kegnäs Gaard
Gammel Pöl
Blz.w.& r. 11/7 sm
Pöls Nuk
Pöls-
Rev
22 Wk
Blz. Grp.(2)
LILLE BÄL
(KLEINER BEL
Kalnäshoi
Kegnäs
Ubr.w.& r.& gn.
12 sm
weiß
rot
grün
308°
f.Sd.
BREDE GRUND
gb.Sd.
Blz.(2) 5s
Unrein
Unrein
(Gasmunitio
Übungsgebiet
Schl.
RDE
Feuer in Linie
kl.St.
25 Wk
Hl-Tn.
Breitgrund S
Falshöft
Falshöft
Ubr.Grp.(2) w.& r.& gn.
15/15/13 sm
Zahlreiche
Winston-Steine
4 Glt.
Sd.Sk.M.
Golsmaas
große Steine
St.gb.bnt.Sd.
Düttebüll
Pottloch
19 Wk
Sk.
h.Sd.
Unrein
(Munition)
Kronsgaard
Zahlreiche

10 Windabdrift

vgl. Segelführerschein BR, S. 92

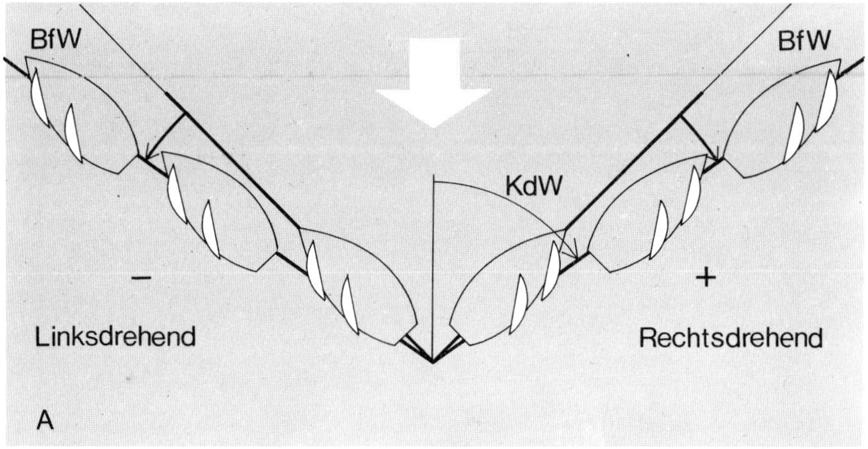

Merke: **Windeinfluß kann eine Yacht von ihrem rechtweisenden Kurs (rwK) nach Lee versetzen. Den Versetzungswinkel nennt man Windabdrift oder Beschickung für Wind (BfW). Der Winkel ist positiv (+), wenn die Yacht nach rechts versetzt wird, negativ (–) wenn sie nach links versetzt wird.**
Man unterscheidet (Abb. A):

- **Kurs durchs Wasser (KdW)** ist der Winkel zwischen der Bewegungsrichtung der Yacht durch Wasser (= Kielwasser) und rechtweisend Nord (rwN). Er wird durch die Windabdrift hervorgerufen.
- **Windabdrift (= Beschickung für Wind** oder **Vorhalt)** ist der Winkel zwischen dem rechtweisenden Kurs (rwK) und dem Kurs durch Wasser (KdW) bzw. zwischen der Kiellinie und dem Kielwasser einer Yacht.

Herrscht Windabdrift, so wird in der Karte mit dem KdW gearbeitet.

Zum Beispiel:

a) Bei nordöstlichem Wind werden nach dem Kompaß 350° gesteuert. Die Windabdrift wird auf 05° geschätzt. Mit welchem Kurs muß bei einer Mißweisung von –02° in der Karte gearbeitet werden?

KpK	350°	
δ	– 04°	
mwK	346°	
Mw	– 02°	
rwK	344°	
BfW	– 05°	(linksdrehend)
KdW	339°	

b) Man hat in der Karte einen Kurs von 155° abgesetzt. Bei den herrschenden östlichen Winden will man 07° vorhalten. Was muß bei einer Mißweisung von +04° am Kompaß gesteuert werden, um das Ziel zu erreichen?

	KdW	155°	
entg.	BfW	– 07°	(rechtsdr.)
	rwK	148°	
entg.	Mw	– 04°	
	mwK	144°	
entg.	δ	– 05,5°	
	KpK	138,5°	

Beachte: Die BfW ist zwar positiv; sie muß aber mit negativem Vorzeichen versehen werden, da man zum „falschen“ Kurs hinrechnet.

Übungen

1 Welches Vorzeichen muß die BfW oder Windabdrift erhalten?

a) rwK = 090°, NE-Wind.
b) rwK = 045°, E-Wind.
c) rwK = 345°. ENE-Wind.
d) rwK = 180°, N-Wind.
e) rwK = 220°, SSE-Wind.
f) rwK = 220°, W-Wind.

2 Mit welchem Kurs ist in den folgenden Fällen in der Karte zu arbeiten?

a) KpK = 232°, Mw = +03°, W-Wind, Windabdrift wird auf 4° geschätzt.
b) KpK = Nord, Mw = −01°, NW-Wind, geschätzte Windabdrift 5°.
c) KpK = 290°, Mw = +02°, NNW-Wind, geschätzte Windabdrift 7°.
d) KpK = 130°, Mw = −05°, S-Wind, geschätzte Windabdrift 5°.

3 Was muß bei einer Mißweisung von −02° am Kompaß gesteuert werden, wenn man folgende Kurse laufen möchte:

a) von Leuchtturm *Kiel* zur Tonne *Stollergrund N* bei nördlichem Wind, geschätzte Windabdrift 3°;
b) von Leuchtturm *Schleimünde* zur *Tonne 3/Schlei/Olpenitz* bei ENE-Wind, geschätzte Windabdrift 5°;
c) von Tonne *Gabelsflach O* zur *Tonne Stolpergrund N* bei NNW-Wind, geschätzte Windabdrift 4°;
d) von Tonne *Stollergrund W* zum Leuchtturm *Schleimünde* bei NE-Wind, geschätzte Windabdrift 7°.

4 Bei N-Wind läuft eine Segelyacht am Kompaß mit 036° am Wind. Mw = −02°. Die Windabdrift wird auf 3° geschätzt.

a) Wie lautet der KdW?
b) Nach einiger Zeit wird gewendet. Man beobachtet einen Wendewinkel von 100° durch den Wind. Wie lautet der neue KdW?
c) Was wird jetzt am Kompaß gesteuert?

5 Eine Segelyacht steht bei der Warngebiet-Tonne 8 a südlich der Tonne *Mittelgrund S* in der *Eckernförder Bucht.* Am Kompaß werden 60° gesteuert. Wegen des NNE-Windes von 4 Bft. rechnet man mit einer Versetzung von 3°. Mw = −02°.

a) Was ist ein Warngebiet?
b) Wie lautet der Kartenkurs?
c) Welche Tonne wird man auf diesem Kurs erreichen?
d) Von der Tonne *Stollergrund W* ausgehend setzt man Kurs ab zur Tonne *Stollergrund N.* Man rechnet nun mit einer Windabdrift von 4°. Warum?
e) Was muß am Kompaß gesteuert werden?
f) Nach einer Wende setzt man Kurs ab zur Sperrgebiet-Tonne 7 (φ = 54° 38,9′ N; λ = 10° 4,5′ E). Was muß man jetzt am Kompaß steuern?
g) Nach einiger Zeit erreicht man die Sperrgebiet-Tonne 4. Wie groß war die tatsächlich BfW?
h) Woran könnte diese beträchtliche Versetzung liegen?

10 Windabdrift

Lösungen

1 a) rechtsdrehender Einfluß: +
b) linksdrehender Einfluß: –
c) linksdrehender Einfluß: –
d) keine BfW, da achterlicher Wind!
e) rechtsdrehender Einfluß: +
f) linksdrehender Einfluß: –

2 In allen Fällen ist mit BfW zu rechnen. Deshalb muß in der Karte mit dem KdW gearbeitet werden.

	a)	b)	c)	d)
KpK	232°	000°	290°	130°
δ	– 03°	– 02°	– 09°	+ 06°
mwK	229°	358°	281°	136°
Mw	+ 03°	– 01°	+ 02°	– 05°
rwK	232°	357°	283°	131°
BfW	– 04°	+ 05°	– 07°	– 05°
KdW	228°	002°	276°	126°

3 Da mit Windabdrift gerechnet wird, entnehmen wir den KdW aus der Karte und beschicken ihn zum KpK. Hierbei müssen wir beachten, daß wir vom „richtigen" zum „falschen" Kurs rechnen, also das entgegengesetzte Vorzeichen auch bei der BfW einsetzen müssen. Also statt „+" bei rechtsdrehendem Einfluß nun „–" und statt „–" bei linksdrehendem Einfluß nun „+".

		a)	b)	c)	d)
	KdW	317°	107°	284°	341°
entg.	BfW	+ 03°	– 05°	+ 04°	+ 07°
	rwK	320°	102°	288°	348°
entg.	Mw	+ 02°	+ 02°	+ 02°	+ 02°
	mwK	322°	104°	290°	350°
entg.	δ	+ 08°	– 09,5°	+ 10°	+ 03°
	KpK	330°	94,5°	300°	353°

4 a)

KpK	036°
δ	+ 06°
mwK	042°
Mw	– 02°
rwK	040°
BfW	+ 03°
KdW	043°

b) Man spricht von einer Wende von 100° dann, wenn der Winkel von Kiellinie (auf Stb-Bug) zu Kiellinie (auf Bb-Bug) 100° beträgt. Deshalb dürfen wird die 100° nicht auf den KdW beziehen, sondern auf den rwK. Denn der rwK ist definitionsgemäß (vgl. S. 12) auf die Kiellinie bezogen. Also:

rwK auf Stb-Bug	040°
– Wendewinkel	100°
rwK auf Bb-Bug	300°
BfW (linksdrehend)	–03°
neuer KdW	297°

c)

	rwK	300°
entg.	Mw	+ 02°
	mwK	302°
entg.	δ	+ 10°
	KpK	312°

5 Vgl. Kartenskizze nebenan!

a) Man unterscheidet Sperrgebiete, Schießgebiete, Warngebiete und Übungsgebiete. **Sperrgebiete** dürfen von der allgemeinen Schiffahrt überhaupt nicht befahren werden. **Schießgebiete** sind nur während der Schießzeiten, die in den benachbarten Häfen bekanntgegeben werden, gesperrt. In **Warngebieten** ist lediglich das Ankern, Fischen und Angeln untersagt. **Übungsgebiete** sind für die allgemeine Schiffahrt frei; dort wird jedoch geschossen, wenn das Schußfeld frei ist und niemand gefährdet werden kann.

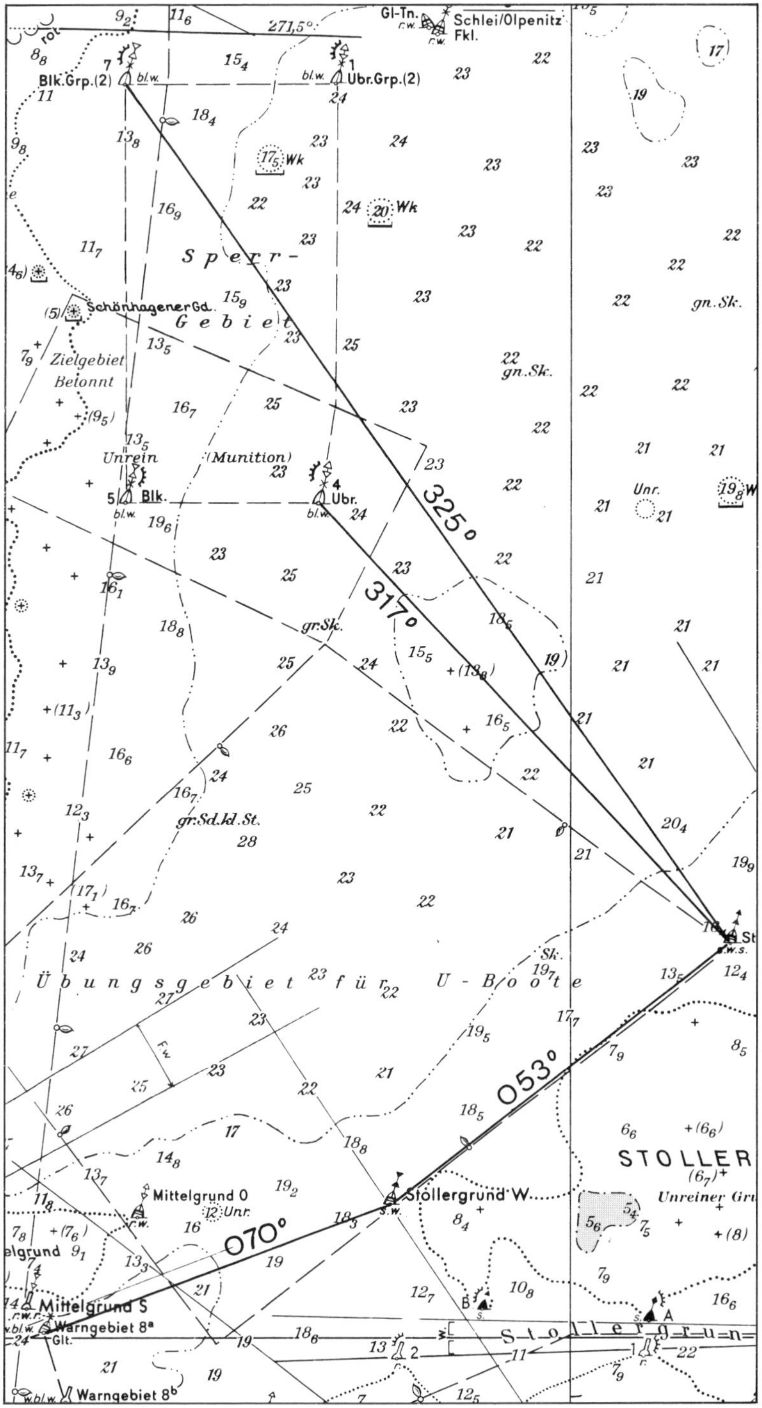

b)

KpK	060°	
δ	+ 09°	
mwK	069°	
Mw	– 02°	
rwK	067°	
BfW	+ 03°	(rechtsdrehend)
KdW	070°	

Unter Kartenkurs (KaK) versteht man denjenigen Kurs, mit dem in der Karte gearbeitet wird. Er ist also ohne BfW gleich dem rwK. Muß man dagegen BfW berücksichtigen, so ist der Kartenkurs gleich dem KdW.

c) Tonne *Stollergrund W.*

d) Man läuft härter am Wind als zuvor.

e)

	KdW	053°
entg.	BfW	– 04°
	rwK	049°
entg.	Mw	+ 02°
	mwK	051°
entg.	δ	– 07°
	KpK	044°

f) Beachte, daß nun die BfW linksdrehend wirkt!

	KdW	325°
entg.	BfW	+ 04°
	rwK	329°
entg.	Mw	+ 02°
	mwK	331°
entg.	δ	+ 07°
	KpK	338°

g) Der KdW war tatsächlich 317°, so daß man um weitere 8° versetzt wurde, insgesamt also um –12°.

h) Diese große Versetzung wird kaum allein am Wind liegen. Möglicherweise setzt zusätzlich Strom.

11 Strom

vgl. Segelführerschein BR, S. 94–97

Merke: **Strom wird bezeichnet nach seiner Richtung, in die er setzt, und seiner Stärke (in sm/h).**

Strom: NW – 3 sm/h heißt, daß der Strom **nach** NW mit einer Geschwindigkeit von 3 sm/h setzt. NW-Wind heißt dagegen, daß der Wind **aus** NW weht. Strom kann den Kurs und die Fahrt einer Yacht beeinflussen. Wir unterscheiden:

- Strom setzt in bzw. entgegen Kursrichtung.
- Strom setzt seitlich, d. h. Kurs und Stromrichtung bilden einen Winkel.

Merke: **1. Strom in bzw. entgegen Kursrichtung:**

Er bewirkt eine Änderung der Geschwindigkeit, nicht aber der Fahrtrichtung: Mitlaufender Strom beschleunigt die Yacht, entgegensetzender Strom bremst die Yacht ab. Man unterscheidet also:

- **Fahrt durch Wasser (FdW)** ist die Geschwindigkeit einer Yacht relativ zum Wasser, d. h. ohne Berücksichtigung von Strom. Sie wird vom Log angezeigt.
- **Fahrt über Grund (FüG)** ist die Geschwindigkeit einer Yacht relativ zum Meeresgrund. Sie ergibt sich also durch den Miteinfluß des Stromes. In unserem Fall gilt also: FdW ± Stromstärke = FüG.

Zum Beispiel: *Bei einem rwK von 145° zeigt die Logge einer Yacht 6 kn. Dem Seehandbuch entnimmt man, daß folgender Strom setzt: 325° – 2 sm/h.*
Wie groß ist die FdW, wie groß die FüG?
Die FdW entspricht der Loggenanzeige, also 6 kn.
Da der Strom genau entgegensetzt, gilt: FüG = 6 – 2 = 4 kn.

Merke: **2. Seitlicher Strom:**

Er bewirkt neben der Fahrtänderung auch eine Änderung der Fahrtrichtung. Wir unterscheiden deshalb:

- **Kurs durch Wasser (KdW)** ist der Winkel zwischen rechtweisend Nord (rwN) und der Bewegungsrichtung der Yacht durch Wasser.
- **Kurs über Grund (KüG)** ist der Winkel zwischen rechtweisend Nord (rwN) und dem tatsächlich über Grund zurückgelegten Weg.
- **Beschickung für Strom (BfS)** oder **Stromversetzung** oder **Stromvorhalt** ist der Winkel zwischen dem KdW und dem KüG.

Es gilt also:		
	KdW	KüG
	+ BfS	+ entg. BfS
	KüG	KdW

Es gilt die gleiche Vorzeichenregel wie bei der Beschickung für Wind:
Rechtsdrehender Einfluß: + Linksdrehender Einfluß: –
Im Fall des seitlich setzenden Stromes gibt es **3 Grundaufgaben, die wir immer zeichnerisch mit Hilfe des Stromdreiecks in der Karte lösen.** Wir gehen davon aus, daß keine Windabdrift zu berücksichtigen ist, so daß der KdW dem rwK entspricht.

Stromaufgabe 1:

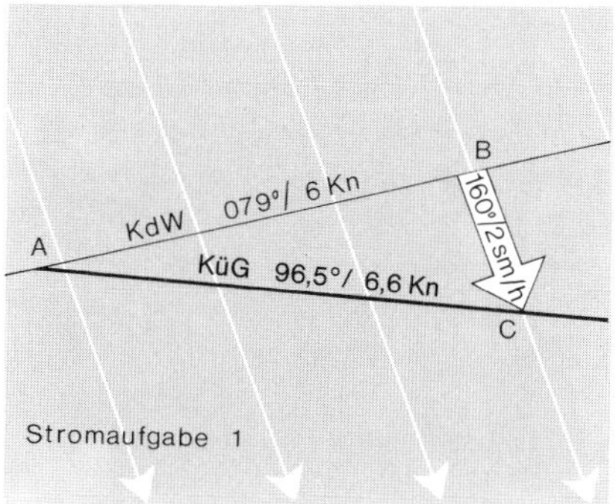

Bekannt: KdW, FdW, Strom. **Gesucht:** KüG und FüG.
Eine Yacht läuft bei einem KpK von 72° nach Logge 6 kn. Dem Seehandbuch entnimmt man einen Strom von 160° – 2 sm/h. Mw = – 03°. Wie lautet der KüG, wie schnell ist die Yacht über Grund?

Konstruktion:

1. Beschicke den KpK zum KdW und trage ihn vom Ausgangspunkt A in die Karte ein!

KpK	072°	
δ	+ 10°	
mwK	082°	
Mw	– 03°	
rwK	079°	= KdW

2. Trage auf dieser Kurslinie den Betrag der FdW ab, d. h. 6 sm. Man erhält B.
3. Füge in B den Strompfeil in Richtung und Stärke an, d. h. 2 sm in 160°!
4. Verbinde den Ausgangspunkt A mit dem Ende des Strompfeiles C! Dies ist der Weg über Grund, an dem der KüG abgelesen werden kann: KüG = 96,5°.
5. Nimm die Distanz von A zu C in den Zirkel und miß seine Länge am seitlichen Kartenrand! Dies ist der Betrag für die FüG: FüG = 6,6 kn.

Stromaufgabe 2:

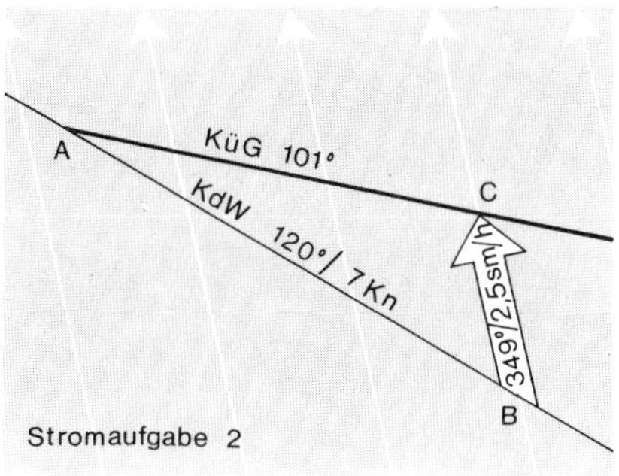

Bekannt: KdW, FdW, KüG, FüG. **Gesucht:** Strom, BfS.
Eine Yacht stetzt bei einer Fahrt von 7 kn Kurs mit 120° ab. Um 10.00 h wird jedoch statt des Koppelortes B die Tonne C passiert, da unbekannte Stromverhältnisse herrschen. Welcher Strom hat die Yacht versetzt? Wie groß ist die Stromversetzung?

Konstruktion:

1. Trage den Koppelkurs von A nach B (KdW = 120°) in die Karte ein!
2. Trage den tatsächlich über Grund gelaufenen Kurs von A nach C in die Karte ein! Dies ergibt den KüG = 101°. Für die Stromversetzung gilt: BfW = KüG – KdW = 101° – 120° = –19°.
3. Verbinde B mit C! Wir erhalten die Stromrichtung: 349°.
   Die Distanz von B nach C ergibt den Betrag der Stromstärke: 2,5 sm/h.

Stromaufgabe 3:

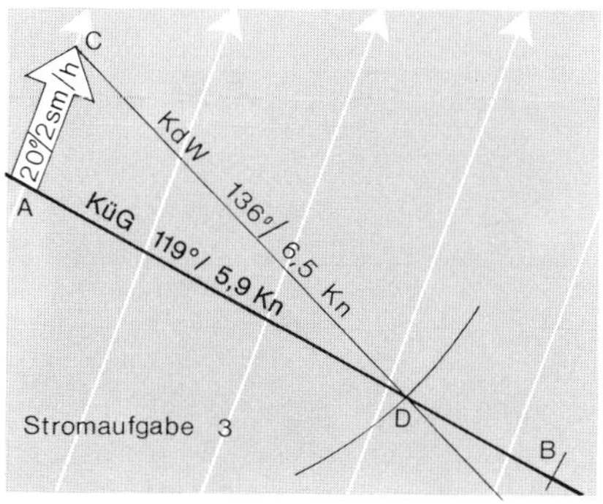

Bekannt: KüG, FdW, Strom. **Gesucht:** KpK, FüG
Auf einer Yacht will man Kurs von A nach B absetzen. Es setzt Strom von 20° – 2 sm/h. Mw = +04°. Fahrt = 6,5 kn. Was muß am Kompaß gesteuert werden, um B zu erreichen? Wie groß ist die Fahrt über Grund?

Konstruktion:

1. Man verbindet A mit B und erhält den KüG = 119°.
2. In A wird der Strom in Richtung und Stärke angetragen, d. h. 2 sm in 20°.
3. Schlage einen Kreis um den Endpunkt des Strompfeiles C mit dem Radius der FdW = 6,5 kn! Man erhält so den Punkt D.
4. Die Richtung von C zu D ist der KdW.

KdW = rwK	136°
entg. Mw	– 04°
mwK	132°
entg. δ	– 07°
KpK	125°

5. Die Distanz von A zu D entspricht der FüG = 5,9 kn.

Übungen

1 Vom Feuerschiff *Fehmarnbelt* ausgehend steuert man am Kompaß 074°, das Speedometer zeigt 5 kn Fahrt an. Dem Handbuch entnimmt man: Strom 150° – 2 sm/h. Mw = –02.

a) Wie lautet der KdW?
b) Wie lautet der KüG?
c) Welcher von beiden Kursen ist der Kartenkurs (KaK)?
d) Wie groß ist die FdW?
e) Wie groß ist die FüG?

2 Wie Übung 1, jedoch rechnet man wegen starken SE-Windes mit einer BfW von 5°.

a) KdW?
b) KüG?
c) FüG?

3 Wie Übung 1, jedoch rechnet man wegen starken NNE-Winden mit einer BfW von 5°.

a) KdW?
b) KüG?
c) FüG?

4 Vom Feuerschiff *Fehmarnbelt* ausgehend setzt man Kurs ab zur Hl-Tn. *Rödby Havn SW.* Das Speedometer zeigt 5 kn Fahrt an. Dem Handbuch entnimmt man: Strom 150° – 2 sm/h. Mw = –02°.

a) Wie lautet der KüG?
b) Wie lautet der KdW?
c) Welcher von beiden Kursen ist der Kartenkurs?
d) Was muß am Kompaß gesteuert werden, um die Tonne zu erreichen?
e) Wie groß ist die Fahrt über Grund?
f) Wann wird man die Tonne erreichen?

5 Wie Übung 4, jedoch rechnet man wegen starken ESE-Windes mit einer BfW von 5°.

a) KüG?
b) KdW?
c) KpK?
d) FüG?

6 Wie Übung 4, jedoch rechnet man wegen starken N-Winden mit einer BfW von 5°.

a) KdW?
b) KpK?
c) FüG?

7 Eine Yacht passiert um 10.45 h die Tonne 5 nordwestlich vom Leuchtturm *Westermarkelsdorf.* Man steuert am Kompaß 285°. Das Speedometer gibt eine Fahrt von 5 kn an. Mw = –02°.

a) Wie lautet der KdW?
b) Gib den Koppelort für 11.45 h an!
c) Um 11.45 h hat man jedoch die Hl-Tn. 4, Blk. (2) erreicht. Wie lautet der KüG?
d) Wie schnell war die Yacht über Grund?
e) Welcher Strom hat die Yacht versetzt?
f) Wie groß ist die BfS?

8 Wie Übung 7, jedoch wurde die Tonne 4 erst um 11.57 h erreicht.

a) FüG?
b) Gib den Koppelort für 11.57 h an!
c) In welche Richtung setzt der Strom?

9 Wie Übung 7, jedoch rechnet man wegen starken Nordwindes mit einer Windabdrift von 5°.

a) KdW?
b) Koppelort für 11.45 h?
c) Strom?
d) BfS?

10 Eine Yacht steht um 13.20 h an der Tonne 4 (Glt.) östlich vom *LT Falshöft.* Man setzt Kurs ab zur Tonne 2 (Blz.) südlich vom *LT Vejsnäs Nakke.* Das Speedometer zeigt 6 kn Fahrt. Mw = –02°.

a) Was muß am Kompaß gesteuert werden?
b) Wo steht man um 14.00 h?
c) Um 14.00 h peilt man mit dem Kompaß *LT Kegnäs* unter 297° und *LT Vejsnäs Nakke* unter 057°. Wo steht man?
d) Wie lautet der KüG?
e) Wie lautet der KdW?
f) Wie groß war die FdW?
g) Wie groß war die FüG?
h) Welcher Strom herrscht?
i) Was muß man nun am Kompaß steuern, wenn man doch noch die Tonne 2 erreichen will?
k) Wann wird man die Tonne 2 erreichen?

Lösungen

1 a)

KpK	074°	
δ	+ 10°	
mwK	084°	
Mw	– 02°	
rwK	082°	

Da keine BfW zu berücksichtigen ist, entspricht der rwK dem KdW.

b) Durch Konstruktion des Stromdreiecks erhält man: KüG = 100°.

c) Der KaK entspricht dem KüG, denn mit ihm muß in der Karte gearbeitet werden.

d) Die FdW entspricht der Anzeige des Speedometers: 5 kn.

e) Die FüG entnimmt man dem Stromdreieck mit 6 kn.

2 a)

KpK	074°	
δ	+ 10°	
mwK	084°	
Mw	– 02°	
rwK	082°	
BfW	– 05°	(linksdrehend)
KdW	077°	

b) Man erhält durch das Stromdreieck: KüG = 96°.

c) FüG = 5,9 kn.

3 a)

KpK	074°
δ	+ 10°
mwK	084°
Mw	– 02°
rwK	082°
BfW	+ 05°
KdW	087°

b) Man entnimmt dem Stromdreieck: KüG = 104°.

c) FüG = 6,2 kn.

4 a) Der KüG von 069° wird der Karte entnommen.

b) Aus der Konstruktion des Stromdreiecks erhält man: KdW = 046°.

c) Der KaK ist gleich dem KüG.

d)

	KdW	046°
entg.	Mw	+ 02°
	mwK	048°
entg.	δ	– 07°
	KpK	041°

e) Aus dem Stromdreieck ergibt sich als FüG: 4,9 kn.

f) Es gilt: $t\ (\text{min}) = \dfrac{\text{WüG} \cdot 60}{\text{FüG}} = \dfrac{6{,}3 \cdot 60}{4{,}9} = \underline{\underline{77\ \text{min.}}}$

Man benötigt bis zur Tonne 77 min.

5 a) Der KüG bleibt unverändert 069°.

b) Ebenso der KdW: 046°.

c)

	KdW	046°
entg.	BfW	+ 05°
	rwK	051°
entg.	Mw	+ 02°
	mwK	053°
entg.	δ	– 07,5°
	KpK	045,5°

d) Die FüG von 4,9 kn bleibt unverändert, da das Speedometer 5 kn angibt; d. h. die BfW ist bei dieser Anzeige bereits berücksichtigt.

6 a) Der KdW bleibt unverändert 046°.

b)

	KdW	046°
entg.	BfW	– 05°
	rwK	041°
entg.	Mw	+ 02°
	mwK	043°
entg.	δ	– 06,5°
	KpK	036,5°

c) Die FüG bleibt unverändert 4,9 kn.

7 a)

KpK	285°
δ	– 09°
mwK	276°
Mw	– 02°
rwK	274°

Da keine BfW zu berücksichtigen ist, entspricht der rwK dem KdW.

b) Durch Abtragen von 5 sm auf dem KdW von 274° erhält man als Koppelort: $\varphi = 54° 35{,}7' N; \lambda = 10° 49{,}4' E$.

c) Man entnimmt der Karte: KüG = 265°.

d) Man entnimmt der Karte: FüG = 6,4 kn.

e) Das Stromdreieck läßt sich im vorliegenden Fall sehr einfach konstruieren, indem man Koppelort und wahren Ort miteinander verbindet. Als Strom kann man dann entnehmen: 234° – 1,7 sm/h.

f) BfS = KüG – KdW = –09°.

8 a) $$\text{FüG (kn)} = \frac{\text{WüG (sm)} \cdot 60}{\text{t (min)}} = \frac{6{,}4 \cdot 60}{72} = \underline{\underline{5{,}3 \text{ kn.}}}$$

b) Als Koppelort ergibt sich: $\varphi = 54° 35{,}8' N; \lambda = 10° 47{,}8' E$.

c) Den Strom erhält man, indem auf dem KdW von 274° der WdW für 72 Minuten von 6 sm abgetragen wird. Dann liest man als Strom ab: 199°.

9 a)

KpK	285°	
δ	– 09°	
mwK	276°	
Mw	– 02°	
rwK	274°	
BfW	– 05°	(linksdrehend!)
KdW	269°	

b) Durch Antragen des KdW von 269° erhält man: $\varphi = 54° 35{,}3' N; \lambda = 10° 49{,}4' E$.

c) Durch Zeichnen des Stromdreiecks erhält man: Strom 249° – 1,5 sm.

d) BfS = KüG – KdW = –04°.

10 a)

	rwK	084°	(aus der Karte)
entg.	Mw	+ 02°	
	mwK	086°	
entg.	δ	– 10°	
	KpK	076°	

b) $\varphi = 54° 46{,}1' N; \lambda = 10° 12{,}1' E$.

c)

	LT Kegnäs	LT Vejsnäs Nakke
Kp↗	297°	057°
δ	+ 10°	+ 10°
mw↗	307°	067°
Mw	– 02°	– 02°
rw↗	305°	065°

Schiffsort: $\varphi = 54° 45{,}7' N; \lambda = 10° 13' E$.

d) KüG = 090°.

e) Der KdW entspricht dem oben abgelesenen rwK = 084°.

f) Die FdW wird vom Speedometer angezeigt: 6 kn.

g) Dem Stromdreieck, das ein 40-Minuten-Dreieck ist, entnimmt man als WüG: 4,5 sm.

Es gilt: $$\text{F (kn)} = \frac{\text{Weg} \cdot 60}{\text{t (min)}} = \frac{4{,}5 \cdot 60}{40} = \underline{\underline{6{,}75 \text{ kn.}}}$$

h) Auch hier muß die Versetzung von 40 Minuten auf 1 Stunde umgerechnet werden:

$$\frac{0{,}66 \cdot 60}{40} = 1 \text{ sm/h}$$

Strom: 130° – 1 sm/h.

i) Man konstruiert ein neues Stromdreieck und erhält als KdW = 73,5°, der zum KpK beschickt werden muß:

	KdW	73,5°
entg.	Mw	+ 2,0°
	mwK	75,5°
entg.	δ	– 9,5°
	KpK	66,0°

k) Der Weg durch Wasser im neuen Stundendreieck beträgt 6,3 sm. Bei einer FdW von 6 kn benötigt man 63 Minuten bis zur Tonne 2. Man wird sie also um 15.03 erreichen.

12 Peilungen bei Windabdrift oder Strom

vgl. Segelführerschein BR, S. 100

1. Kompaßpeilungen

Wind und Strom haben keinen Einfluß auf das Ergebnis einer Kompaßpeilung und ihrer Beschickung.

2. Seitenpeilungen

Da Seitenpeilungen immer auf die Kiellinie, also auf den rwK, bezogen werden, brauchen Wind und Strom bei der Beschickung der Seitenpeilung nicht berücksichtigt werden. Man rechnet am einfachsten, wie auf S. 23 genauer ausgeführt:

S↗
+ rwK
―――
rw↗

3. Doppelpeilungen

Herrscht nur **Windeinfluß,** so ergeben sich keine weiteren Probleme. Beide Peilungen werden – wie oben beschrieben – zu rechtweisenden Peilungen beschickt. Die zur Konstruktion notwendige Versegelung kann unmittelbar der Logge entnommen werden, da diese immer den Weg durch Wasser angibt.

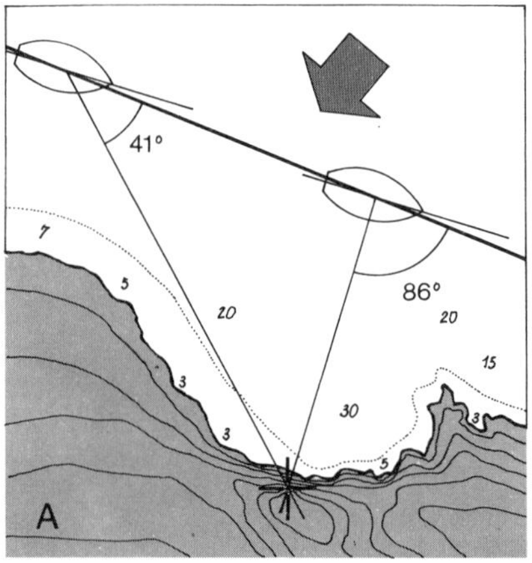

4. Verdoppelungspeilungen

Herrscht nur **Windeinfluß,** so müssen wir beachten, daß die Peilwinkel auf den KdW, nicht auf die Kiellinie, zu beziehen sind. Denn nur dann bleibt die Besonderheit der Verdoppelungspeilungen erhalten: Versegelung = Distanz zum Peilobjekt.

Zum Beispiel:

Auf einer Yacht wurde ein KdW von 112° abgesetzt. Die BfW wird bei dem herrschenden NE-Wind mit 4° angenommen. Man peilt eine Landmarke unter 45° und später unter 90° an Stb. Liegt eine Vierstrichpeilung vor (Abb. A)? Es liegt keine Vierstrichpeilung vor, da die auf den KdW bezogenen Winkel um die BfW kleiner sind, also 41° bzw. 86° betragen.

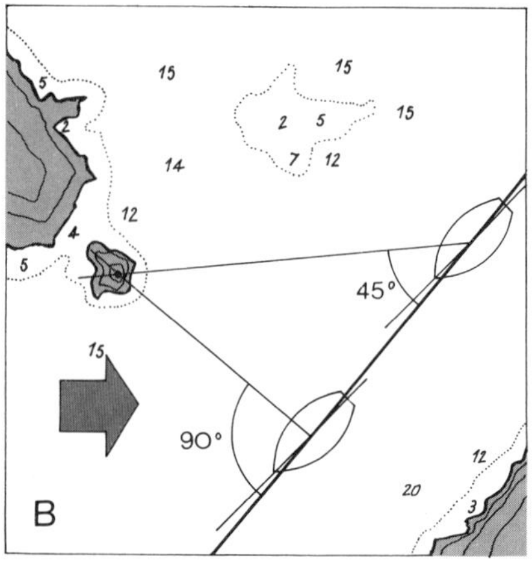

Eine Yacht läuft einen KdW von 220°. BfW bei W-Wind 3°. Wie müßten die an Stb vorgenommenen Seitenpeilungen für eine Vierstrichpeilung lauten (Abb. B)?
Auf den KdW bezogen erhält man als gesuchte rechtweisende Peilungen:

220°	220°
45°	90°
265°	310°

Um diese rw↗ als Seitenpeilungen zu erhalten, muß jeweils der rwK abgezogen werden: $S↗ = rw↗ - rwK = 265° - 223° =$ ***42° (1. Peilung)***
$= 310° - 223° =$ ***87° (2. Peilung)***

Bei **Stromeinfluß** kann die Konstruktion der Doppelpeilung sinnvoll nur dann durchgeführt werden, wenn der Weg über Grund zwischen beiden Peilungen bekannt ist. Die Loggedistanz kann hierfür nicht verwendet werden.

Übungen

1 Auf einer Yacht wird ein KdW von 142° abgesetzt. Bei dem herrschenden Ostwind rechnet man mit einer Windabdrift von 5°. Auf diesem Kurs peilt man eine Landmarke
a) Stb querab
b) Bb querab
c) recht voraus
d) recht achteraus.
Wie lauten die rechtweisenden Peilungen?

2 Wie lauten die rechtweisenden Peilungen in Übung 1, wenn SSW-Wind herrscht und im übrigen die Bedingungen gleich sind?

3 Auf einer Yacht steuert man 259° am Kompaß. Man rechnet bei SW-Wind mit einer Abdrift von 4°. Auf diesem Kurs wird der *LT Vejsnäs Nakke* bei einem Loggestand von 17,8 mit der Peilscheibe unter 049° und etwas später bei einem Loggestand von 20,9 unter 094° gepeilt.
a) Wie lautet der KdW?
b) Wo steht man bei der letzten Peilung?

4 Wie Übung 3, jedoch weht NW-Wind.
a) Wie lautet der KdW?
b) Wo steht man bei der letzten Peilung?

5 Auf einer Yacht wird ein KdW von 053° abgesetzt. Bei starkem Nordwind rechnet man mit einer Abdrift von 5°. Mw = −02°.
a) Was wird am Kompaß gesteuert?
b) Wo steht die Yacht, als man *LT Falshöft* recht achteraus und *LT Kegnäs* Bb querab peilt?
c) Man läuft auf gleichem Kurs weiter. Nach einiger Zeit fällt man auf einen neuen KpK von 091° ab. Auf diesem neuen Kurs hat man anfangs *LT Kegnäs* recht achteraus. Man rechnet jetzt nur noch mit 3° Windabdrift. Wie lautet der neue KdW?
d) Wo wurde die Wende durchgeführt?
e) Zusätzlich herrscht nun folgender Strom: 160° – 2 sm/h. Das Speedometer zeigt 6 kn Fahrt an. Wie lautet der KüG?
f) Wie schnell ist man nun über Grund?

12 Peilungen bei Windabdrift oder Strom

Lösungen

1 Es liegen Seitenpeilungen vor, die auf den rwK bezogen werden müssen. Deshalb muß zunächst der rwK ermittelt werden:

	KdW	142°
entg.	BfW	– 05°
	rwK	137°

a) rw↗ Stb querab: 137° + 090° = 227°
b) rw↗ Bb querab: 137° – 090° = 047°
c) rw↗ recht voraus: 137°
d) rw↗ recht achteraus: 137° + 180° = 317°

2 Als rwK ergibt sich hier:

	KdW	142°
entg.	BfW	+ 05°
	rwK	147°

a) rw↗ Stb querab: 237°
b) rw↗ Bb querab: 057°
c) rw↗ recht voraus: 147°
d) rw↗ recht achteraus: 327°

3 a)

KpK	259°	
δ	– 06°	
mwK	253°	
Mw	– 02°	
rwK	251°	
BfW	+ 04°	(rechtsdrehend)
KdW	255°	

b) Beschickung der letzten Peilung:

S↗	094°
rwK	251°
rw↗	345°

Da zwischen beiden Peilungen ein Winkel von 45° liegt und zwischen dem KdW und der 2. Peilung ein Winkel von 90°, liegt eine Vierstrichpeilung vor, die wir folgendermaßen auswerten:
Die Loggedistanz von: 20,9 – 17,8 = 3,1 sm tragen wir auf der rw↗ von 345° vom *LT Vejsnäs Nakke* ab. Dies ist der Schiffsort: φ = 54° 46,2′ N; λ = 10° 27′ E.

4 a)

rwK	251°
BfW	– 04°
KdW	247°

b)

	1. Peilung	2. Peilung
S↗	049°	094°
rwK	251°	251°
rw↗	300°	345°

Diesmal liegt keine Vierstrichpeilung vor. Denn der Winkel zwischen KdW und 2. Peilung beträgt nicht 90°. Man kann den Standort also nur durch die Konstruktion einer gewöhnlichen Doppelpeilung ermitteln. Man erhält:
φ = 54° 45,75′ N; λ = 10° 27,2′ E.

5 Vgl. Kartenausschnitt nebenan!

a)

	KdW	053°
entg.	BfW	– 05°
	rwK	048°
entg.	Mw	+ 02°
	mwK	050°
entg.	δ	– 07°
	KpK	043°

b) Die beiden Seitenpeilungen müssen zu rw↗ beschickt werden, d. h. auf den rwK von 048° bezogen werden.
rw↗ *LT Falshöft:* 048° + 180° = 228°
rw↗ *LT Kegnäs:* 048° + 270° = 318°
Der Schiffsort ergibt sich aus dem Schnittpunkt beider Peilungen:
φ = 54° 48,75′ N; λ = 10° 3,2′ E.

c)

KpK	091°	
δ	+ 10°	
mwK	101°	
Mw	– 02°	
rwK	099°	
BfW	+ 03°	(rechtsdrehend)
KdW	102°	

d) Seitenpeilung auf rwK bezogen:
rw↗ *LT Kegnäs:* 099° + 180° = 279°
Wird diese Peilung eingetragen, so schneidet sie den KdW von 053° in:
φ = 54° 50,5′ N; λ = 10° 7,2′ E.

e) Durch Konstruktion des Stromdreiecks erhält man: KüG = 116°.

f) FüG = 7,3 kn.

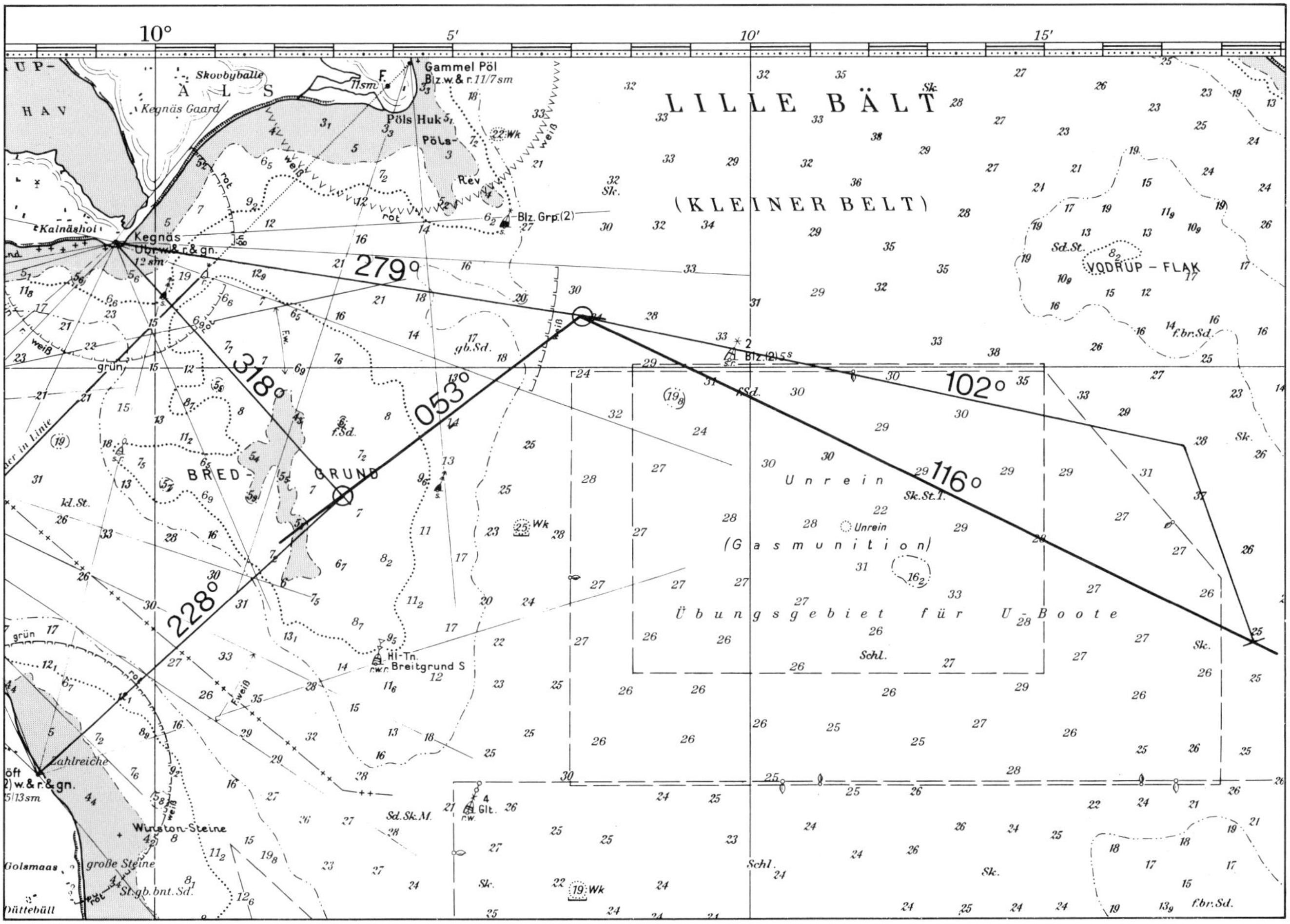

Teil 2: Aufgaben

Die folgenden 10 zusammenhängenden Navigationsaufgaben, die ähnlich in der Praxis oder der theoretischen Prüfung vorkommen können, sind etwa nach wachsendem Schwierigkeitsgrad geordnet. Die Hauptprobleme jeder Aufgabe werden jeweils am Anfang genannt. Ihre Lösungen sind auf den Seiten 76 ff. ausgeführt.

Die Mißweisung in allen Aufgaben beträgt −02°!

Aufgabe 1

Koppeln, Kreuzpeilung, Windabdrift

Eine Yacht verläßt am frühen Abend den Hafen *Eckernförde* bei SW-Wind 3 Bft. Um 18.00 h steht man auf folgender Position:
$\varphi = 54° 28' N; \lambda = 9° 52' E$.

1 Wo steht man? Welche Bedeutung hat das Seezeichen?

2 Von hier aus wird Kurs abgesetzt zur Tonne *Stollergrund N.* Wie lautet der rechtweisende Kurs?

3 Was muß am Kompaß gesteuert werden?

4 Der Skipper rechnet nicht mit Windabdrift. Warum?

5 Um 18.30 h beobachtet man an Stb achteraus den Kennungswechsel eines Leuchtfeuers von einem weißen Festfeuer in ein weißes Blitzfeuer (2). Wo steht die Yacht?

6 Welche Bedeutung hat die Kennung Blz. (2) bei diesem Feuer?

7 Wie schnell ist man gelaufen?

8 Wann wird man die Tonne *Stollergrund N* bei gleicher Fahrt erreichen?

9 Welche Feuer und Kennungen kann man von der Tonne *Stollergrund N* aus beobachten?

10 Von hier aus wird ein Kompaßkurs von 342,5° gesteuert. Wohin führt dieser Kurs?

11 Das Speedometer zeigt nun 5 kn Fahrt. Wie lautet der Koppelort für 21.49 h?

12 Um 21.49 h führt man folgende Peilungen durch: Ein rotes Blinkfeuer mit Gruppen von 3 Blinken wird an Bb voraus ausgemacht und mit der Peilscheibe unter 327° gepeilt. An Stb achteraus peilt man zu gleicher Zeit ein weißes Gleichtaktfeuer mit dem Kompaß unter 159,5°. Wo steht man? Wie tief ist es dort?

13 Wie ist man versetzt?

14 Gib den Schiffsort an nach Peilung und Abstand zum Leuchtfeuer *Schleimünde!*

15 Kann man von hier aus einer Augenhöhe von 3 m bei normaler Sicht noch das Leuchtfeuer *Bülk* ausmachen? Vgl. den Ausschnitt aus dem Lfv. auf S. 97!

16 Der Wind weht inzwischen aus WSW. Man setzt Kurs ab auf Leuchtfeuer *Schleimünde.* Was muß am Kompaß gesteuert werden, wenn man mit einer Windabdrift von 3° rechnet?

17 Als man den Leuchtturm passiert, beobachtet man 2 rote Lichter senkrecht übereinander. Was bedeutet dieses Signal?

Aufgabe 2

Kreuzpeilung, Koppeln, Deviationskontrolle, Windabdrift

Eine Yacht kommt aus der *Sonderburger Bucht* und peilt bei einem Kompaßkurs von 125,5° den *LT Kalkgrund* recht voraus. Zugleich peilt man an Bb voraus um 23.10 h ein rotes unterbrochenes Feuer am Kompaß unter 080,5°.

1 Um welches Feuer handelt es sich bei der 2. Peilung?

2 Wie lautet der rwK?

3 Wie lauten die rechtweisenden Peilungen?

4 Wo steht die Yacht um 23.10 h?

5 Von hier aus setzt man Kurs ab zur südöstlich von *Gammel Pöl* gelegenen Tonne 2, Blz. (2). Was muß am Kompaß gesteuert werden?

6 Was bedeutet das liegende Kreuz auf der Tonne?

7 Die Logge mißt 12 m in 6 Sekunden. Wie schnell ist die Yacht?

8 Wann wird man die Tonne erreichen?

9 Nach einer guten halben Stunde passiert man nahe an Stb ein Funkelfeuer. Um was handelt es sich?

10 Welche Farbe hat das Funkelfeuer?

11 Wie tief ist es, als man an Bb Ober- und Unterfeuer von *Gammel Pöl* in Linie peilt?

12 Was kann man in diesem Augenblick an Stb beobachten?

13 Welche Kennung hat das Oberfeuer, welche das Unterfeuer?

14 Man peilt mit dem Kompaß das Feuer in Linie unter 39°. Stimmt die Deviationstabelle?

15 Um 01.00 h führt man mit dem Kompaß folgende Peilungen durch: *LT Falshöft* wird unter 208°, *LT Kegnäs* unter 290° und *LT Gammel Pöl* unter 05,5° gepeilt. Wie lauten die rechtweisenden Peilungen?

16 Wo steht man?

17 Wie ist man versetzt?

18 Von diesem Ort aus werden nun am Kompaß 130° gesteuert. Bei auffrischendem S-Wind rechnet man mit einer Windabdrift von 3°. Wie lautet der Kartenkurs?

Aufgabe 3

Koppeln, Kreuzpeilung, Doppelpeilung, Windabdrift

Eine Yacht liegt in der *Strander Bucht* vor Anker. Der Wind weht aus WNW. Die Yacht liegt so im Wind, daß man am Kompaß 300° abliest. Um den Ankerplatz genau zu bestimmen, peilt man am Kompaß *LT Bülk* unter 11°, das Marinedenkmal *Laboe* unter 160° und den Kirchturm *Dänischenhagen* unter 261°.

1 Welche Sichtzeichen hat die Yacht vor Anker tags und nachts zu zeigen?

2 Wie lauten die rechtweisenden Peilungen?

3 Wo liegt die Yacht vor Anker?

4 Von hier aus wird Kurs zur Tonne A abgesetzt. Was muß am Kompaß gesteuert werden?

5 Um 07.41 h wird der Anker aufgeholt und werden die Segel gesetzt. Die Tonne A wird um 08.00 h erreicht. Wie schnell ist die Yacht gelaufen?

6 Von der Tonne A aus steuert man am Kompaß 349°. Wie lautet der rwK? Wohin führt dieser Kurs?

7 Wann wird man bei gleicher Fahrt die *Tonne 3/Schlei/Olpenitz* erreichen?

8 Wo wird man um 09.25 h stehen?

9 Gib diesen Ort nach Peilung und Abstand zum *LT Kiel* an!

10 Auf diesem Schlag peilt man den Kirchturm *Karby* mit der Peilscheibe bei einem Loggestand von 16,3 unter 316°, etwas später um 09.25 h bei einem Loggestand von 19,3 unter 300°. Wie lauten die rechtweisenden Peilungen?

11 Wo steht man bei der 2. Peilung?

12 Wie ist die Yacht versetzt?

13 Wie lautet der wahre Kurs der Yacht?

14 Zum Zeitpunkt der letzten Peilung wird zugleich der *LT Schleimünde* am Kompaß unter 317° gepeilt. Wie lautet die rechtweisende Peilung?

15 Stimmt diese Peilung mit dem soeben ermittelten Schiffsort überein?

16 Der Schiffsführer nimmt nun an, daß die Yacht vom Wind versetzt wurde. Wie groß war die Versetzung?

17 Man läuft nun auf gleichem Kurs weiter, bis der *LT Schleimünde* Bb querab gepeilt wird. Wo steht man jetzt?

18 Hier wird gewendet. Der Rudergänger kann auf dem neuen Bug 259° am Kompaß steuern. Wie lautet der Kartenkurs, wenn man mit 4° Windabdrift rechnet.

19 Wohin führt dieser Kurs? Welche Bedeutung hat dieses Seezeichen?

20 Man möchte den Hafen *Maasholm* erreichen. Genügt für die Ansteuerung die Karte D 30?

21 Wo kann man erfahren, ob man in *Maasholm* bei den herrschenden Windverhältnissen sicher liegt?

Aufgabe 4

Koppeln, Kreuzpeilung, Windabdrift

Eine Yacht läuft in den frühen Morgenstunden aus dem *Großen Belt* in südliche Richtung. Am Kompaß werden 209° gesteuert. Als man an Bb 2 Funkelfeuer in Linie beobachtet, peilt man den Leuchtturm *Albuen* am Kompaß unter 147°.

1 Wie lautet der rwK?

2 Wo steht die Yacht?

3 Wie hätte man das Richtfeuer am Kompaß peilen müssen, wie auf der Peilscheibe?

4 Man läuft auf gleichem Kurs weiter. Sobald an Bb der *LT Albuen* seine Kennung von weiß in grün ändert, wird Kurs abgesetzt zur Hl-Tonne 4, Blz. (2). Was muß am Kompaß gesteuert werden?

5 Es ist 06.30 h zum Zeitpunkt der Kursänderung, die Logge zeigt 5,0. Die Tonne 4 wird um 07.15 h erreicht. Wie groß war die Fahrt der Yacht?

6 Welches Toppzeichen hat die Tonne? Was bedeutet das liegende Kreuz auf der Tonne?

7 Was kann man der Seekarte sonst noch über die Tonne entnehmen?

8 Wann wird man bei gleicher Fahrt den *LT Kelds Nor* querab peilen?

9 Um 08.00 h peilt man zur Kontrolle mit der Peilscheibe *LT Kelds Nor* unter 27° und den Kirchturm *Magleby* unter 74°. Wie lauten die rechtweisenden Peilungen?

10 Wo steht man um 08.00 h?

11 Wie ist man versetzt?

12 Der Skipper geht davon aus, daß die Versetzung auf einem Steuerfehler des Rudergängers beruht. Was muß die Logge anzeigen?

13 Wie schnell war man tatsächlich?

14 Vom Ort der Peilung wird neuer Kurs abgesetzt zur roten Tonne, Besen aufwärts, südwestlich vom *LT Kelds Nor.* Wegen Westwind 4 Bft. hält man 5° vor. Was muß am Kompaß gesteuert werden?

15 In welche Richtung zeigt die Kiellinie der Yacht?

16 Wann wird man die Tonne erreichen?

17 Wo steht man, als man auf diesem Kurs die Südspitze der Insel *Ärö* in Linie mit *Dovns Klint* sieht?

18 Gib den Ort der Tonne an nach Peilung und Abstand zum *LT Kelds Nor!*

19 Als man die Tonne erreicht hat, wendet man und setzt Kurs ab zur roten Tonne *Snekke-Gd.,* 2 Besen aufwärts. Was muß nun am Kompaß gesteuert werden?

20 Was zeigt hier die Logge an?

Aufgabe 5

Koppeln, Vierstrich-Peilung, Windabdrift

Bei Nordwind 4 Bft. steuert man auf einer Yacht 234° am Kompaß. Man peilt den *LT Staberhuk* beim Loggestand von 37,0 in 45° an Stb und um 22.39 h bei einem Loggestand von 39,2 Stb querab.

1 Wo steht die Yacht um 22.39 h?

2 Als Loggeort für 22.39 h hatte man jedoch ermittelt:
$\varphi = 54° 24' N; \lambda = 11° 21{,}9' E.$
Wie tief ist es am Loggeort?

3 Wie ist man versetzt?

4 Vom Schiffsort 22.39 h aus wird Kurs abgesetzt zur Tonne *Fehmarnsund Ost.* Was muß am Kompaß gesteuert werden?

5 Nach einiger Zeit sieht man an Stb voraus 2 rote Festfeuer in Linie. Wo steht man nach Peilung und Abstand zum *LT Staberhuk?*

6 Man erreicht die Tonne *Fehmarnsund Ost* um 23.40 h. Wie groß ist die Fahrt?

7 Man folgt nun dem Richtfeuer zur Fehmarnbrücke und rechnet mit einer Windabdrift von 2°. Wie lautet der Kartenkurs?

8 Was muß am Kompaß gesteuert werden?

9 Ein Crewmitglied wundert sich, daß beide Feuer in Linie nicht genau recht voraus liegen, sondern etwas an Bb voraus. Woran liegt das?

10 Wie würden Sie diese nächtliche Passage durchführen?

11 Wo kann man erfahren, ob die Durchfahrthöhe der Brücke ausreicht?

12 Die Yacht passiert die Tonnen *Fehmarnsund K* und *Fehmarnsund 7* kurz nach der Tonne *Fehmarnsund Ost.* Die Mannschaft möchte wissen, warum die Bb-Tonne an Stb liegt und die Stb-Tonne an Bb, da man doch als einlaufendes Schiff die Fahrwasserseiten festlegt. Liegen die Tonnen tatsächlich falsch?

13 Als man die Tonne *Fehmarnsund W* früh um 00.30 h erreicht hat, steuert man am Kompaß 307°. Man rechnet jetzt mit einer Windabdrift von 3°. Wie lautet der Kartenkurs?

14 Das Speedometer zeigt 6,5 kn an. Wo wird man voraussichtlich um 01.30 h stehen?

15 Um 01.30 h peilt man *LT Flügge* mit dem Kompaß unter 105,5°. Wie ist man versetzt?

16 Man wendet und setzt Kurs ab zum Feuerschiff *Fehmarnbelt.* Auf diesem Bug rechnet man mit einer Abdrift von 5°. Was muß am Kompaß gesteuert werden?

17 Unmittelbar nach der Wende peilt man *LT Flügge* nochmals. Wie wird die Kompaßpeilung nun lauten?

18 Auf dem neuen Kurs macht der Rudergänger bald ein weißes Gleichtaktfeuer recht voraus aus. Um was handelt es sich?

19 Der Rudergänger stellt fest, daß er die Tonne nur mit Mühe knapp in Lee liegen lassen kann. Wie groß ist die Windabdrift tatsächlich?

20 Kann man auf diesem Kurs sicher die *Markelsdorfer Huk* passieren?

Aufgabe 6

Koppeln, Kreuzpeilung,
Peilungen bei Windabdrift

Um 09.40 h wurde auf einer Yacht der Schiffsort bestimmt. Man erhält nach Peilung und Abstand zum *LT Neuland:* 263° – 7,0 sm.

1 Gib den Schiffsort nach seiner geographischen Breite und Länge an!

2 Von hier aus steuert man am Kompaß Kurs Nord. Man rechnet bei dem frischen NE-Wind, 4 Bft. mit einer Windabdrift von 4°. Wie lautet der Kartenkurs?

3 Wohin zeigt die Kiellinie der Yacht?

4 Um 10.10 h peilt man mit der Peilscheibe den *LT Neuland* unter 112° an Bb und den Kirchturm *Heiligenhafen* unter 117° an Stb. Wie lauten die rechtweisenden Peilungen?

5 Wo steht die Yacht um 10.10 h?

6 Welcher Kurs wurde tatsächlich über Grund gelaufen, wenn dieser Schiffsort richtig ist?

7 Wie groß ist die Besteckversetzung, wenn das Speedometer auf diesem Kurs 5 kn angezeigt hat?

8 Man führt die Versetzung nach Luv auf einen Steuerfehler zurück und setzt nun einen KdW von 003° ab, wobei man mit gleicher Windabdrift wie oben rechnet. Was muß nun am Kompaß gesteuert werden?

9 Um 10.44 h geht die Yacht über Stag. Man steuert nun am Kompaß 098°. Wie lautet der neue KdW?

10 Wo wurde die Wende durchgeführt, wenn man auf dem neuen Bug *LT Flügge* genau recht voraus hatte?

11 Wie groß war die Fahrt der Yacht bis zur Wende?

12 Wann wird man bei einer Fahrt von 6 kn die Tonne 2, Glt. an Bb querab haben?

13 Um 11.25 h peilt man mit dem Kompaß *LT Flügge* unter 084° und den Kirchturm *Heiligenhafen* unter 151°. Wie lauten die rechtweisenden Peilungen?

14 Wo steht die Yacht um 11.25 h?

15 Wie tief ist es dort?

16 Wie ist die Yacht versetzt?

Aufgabe 7

Koppeln, Doppelpeilung bei Windabdrift, Höhenwinkelmessung, Strom

Auf einer Yacht, die von *Fehmarn* nach *Schleimünde* überführt wird, steuert man 280° am Kompaß. Um den Schiffsort um 14.32 h zu bestimmen, peilt man mit dem Kompaß *LT Neuland* unter 176° und Kirchturm *Schönberg* unter 255°.

1 Wie lauten die rechtweisenden Peilungen?

2 Wo steht die Yacht um 14.32 h?

3 Von hier aus wird ein Kartenkurs von 302° abgesetzt. Man rechnet bei NNW-Wind von 5 Bft. mit 4° Abdrift. Was muß am Kompaß gesteuert werden?

4 Wann wird man die Tonne erreichen, wenn das Speedometer eine Fahrt von 5,5 kn anzeigt?

5 Auf diesem Kurs peilt man *LT Kiel* mit der Peilscheibe unter 329°, während an der Logge 33,2 abgelesen wird; um 16.00 h peilt man den Turm nochmals unter 311° bei einem Loggestand von 35,2. Wo steht man um 16.00 h?

6 Wie ist die Yacht versetzt?

7 Kann diese Doppelpeilung als 27°/45°-Peilung angesehen werden, so daß man den Passierabstand zum Leuchtturm sofort angeben könnte?

8 Um mehr Gewißheit über den Schiffsort zu erhalten, nimmt der Schiffsführer eine Höhenwinkelmessung vor: Er mißt den Winkel, unter dem der *LT Kiel* erscheint, mit 19,1 Minuten (vgl. Lfv. S. 97). Welcher Schiffsort ergibt sich aus dieser Messung?

9 Welche Bedeutung haben die Anmerkungen in der Seekarte beim *LT Kiel?*

10 Wo steht die Yacht, als der *LT Kiel* genau Bb querab liegt?

11 Hier wird um 16.30 h gewendet. Am Kompaß werden nun 034° gesteuert. Wie lautet der Kartenkurs, wenn man weiterhin mit der ursprünglich angenommenen Windabdrift rechnet?

12 Das Speedometer zeigt weiterhin 5,5 kn Fahrt an. Um 17.30 h peilt man *LT Kiel* mit dem Kompaß unter 221° und *LT Neuland* unter 149°. Wo steht man?

13 Wie groß war die Fahrt über Grund?

14 Wie groß war die Fahrt durch Wasser?

15 Wie lautet der KüG?

16 Wie lautet der KdW?

17 Wie groß war die BfS?

18 Wie ist man versetzt?

19 Welcher Strom herrscht?

Aufgabe 8

Koppeln, Kreuzpeilung,
Peilung bei Windabdrift,
Höhenwinkelmessung, Strom

Eine Segelyacht läuft bei Nordwind zu einem Wochenendtörn aus *Heiligenhafen* aus. Ohne Besegelung wird unter Motor die Tonne *Heiligenhafen Nord* angesteuert.

1 Welches Tagzeichen ist auf der Yacht zu setzen?

2 In der Nähe der Tonne werden um 14.45 h Segel gesetzt. Der Rudergänger kann am Kompaß 328° anliegen. Wie lautet der Kartenkurs, wenn man mit 7° Abdrift rechnet?

3 Um 15.45 h peilt man mit dem Kompaß eine rot-weiß gewürfelte Tonne mit 2 roten Bällen an Bb liegend unter 213° und *LT Flügge* unter 81°. Wie groß war die Fahrt der Yacht?

4 Bei gleichen Windverhältnissen läuft man 75 Minuten weiter. Dann geht man über Stag. Wo hat man gewendet?

5 Man setzt nun einen Kartenkurs von 52° ab. Welcher KpK liegt an?

6 Wann wird man den *LT Westermarkelsdorf* bei gleichbleibender Fahrt querab haben?

7 Auf dem neuen Kurs läßt der Wind im Laufe der Zeit nach. Um 19.09 h bemerkt man, daß das Feuer *Westermarkelsdorf* seine Kennung in ein weißes Festfeuer ändert. Unter welcher Seitenpeilung peilt man nun den Leuchtturm?

8 Zugleich nimmt man eine Höhenwinkelmessung vor und mißt mit dem Sextanten 13 Minuten. Der Turm hat eine Höhe von 16 m. Wo steht man?

9 Was sagt die Größe des Kennungsradius und die Länge der Sektorenschenkel in der Karte über das Feuer aus?

10 Wie ist man versetzt?

11 Da der Wind nun völlig abzuflauen scheint, setzt man vom letzten Peilort die Fahrt unter Motor mit 5 kn Fahrt fort. Abgesetzter Kurs = 080,5°.
Nach 1 Stunde beobachtet man, daß an Stb voraus ein grünes unterbrochenes Feuer etwas links von einem starken weißen Blitzfeuer in Gruppen zu 4 Blitzen zu scheinen beginnt. Zu gleicher Zeit ändert an Stb achteraus ein Festfeuer seine Farbe von weiß in rot. Wo steht man?

12 Stromrichtung und -stärke?

13 Kurs über Grund?

14 Fahrt über Grund?

15 Was muß man jetzt am Kompaß steuern, wenn man – bei gleichen Stromverhältnissen – die Tonne 6b nordöstlich von *Puttgarden* erreichen will?

16 Wann wird man diese Tonne erreichen?

Aufgabe 9

Koppeln, Kreuzpeilung, Horizontalwinkelmessung, Strom

Aus der *Sonderburger Bucht* kommend passiert man um 16.30 h die Tonne *Kalkgrund N.* Es weht Nordost-Wind mit 4 Bft. Von hier aus setzt man Kurs ab zur Tonne *Breitgrund S.*

1 Was muß am Kompaß gesteuert werden?
2 Um 17.00 h macht man mit dem Fernglas einwandfrei aus, daß sich Ober- und Unterfeuer von *Gammel Pöl* an Bb in Linie befinden. Zugleich peilt man *LT Falshöft* mit der Peilscheibe unter 56°. Wie lautet die rechtweisende Peilung *LT Falshöft?*
3 Wo steht die Yacht um 17.00 h?
4 Wie groß war ihre Fahrt?
5 Einige Zeit später mißt man mit dem Sextanten folgende Horizontalwinkel:
LT Falshöft – LT Kegnäs: 85° 40′,
LT Kegnäs – LT Gammel Pöl: 36° 20′
Wo steht man?
6 Um 18.00 h erreicht man bei einem Loggestand von 17,0 die Tonne *Breitgrund S* und ändert den KpK auf 153,5°. Mit welchem Kurs muß in der Karte gearbeitet werden?
7 Wohin führt dieser Kurs?
8 Man loggt 10 m in 4 Sekunden. Wie groß ist die Fahrt?
9 Wann wird man voraussichtlich die Tonne 2 erreichen?
10 Gegen 19.10 h beobachtet man recht voraus ein weißes Funkelfeuer. Um welches Feuer handelt es sich?
11 An welcher Seite wird man die Tonne liegen lassen? Warum?
12 Man erreicht die *Tonne 3/Schlei/Olpenitz* genau um 19.18 h. Wo hätte die Yacht ohne die Versetzung stehen müssen?
13 Wie lautet die Besteckversetzung?
14 Man nimmt an, daß die Yacht durch Strom versetzt wurde. Wie stark setzte der Strom?
15 Wie groß war die FüG?
16 Wie groß war die FdW?
17 Wie lautet der KüG?
18 Wie lautet der KdW?
19 Wieviel Grad beträgt die Stromversetzung?
20 Welchen Kurs muß man jetzt steuern, um bei gleichen Verhältnissen doch noch die Tonne 2 zu erreichen?
21 Wann wird man die Tonne 2 erreichen?
22 Was muß dann die Logge anzeigen?

Aufgabe 10

Kreuzpeilung, Doppelpeilung bei Windabdrift, Strom

Aus dem *Großen Belt* kommend steuert man auf einer Yacht am Kompaß 181°. Bei frischem ESE-Wind, 4–5 Bft. rechnet man mit einer Windabdrift von 4°.

1 Wie lautet der KdW?

2 Um 14.57 h peilt man bei einem Loggestand von 28,4 den *LT Kelds Nor* an Stb in 45° und um 15.45 h bei einem Loggestand von 32,4 an Stb querab. Wie groß war die Fahrt der Yacht?

3 Wie lauten die rechtweisenden Peilungen?

4 Wie weit war man bei der 2. Peilung vom *LT Kelds Nor* entfernt?

5 Unter welchem Winkel hätte man den Leuchtturm peilen müssen, wenn man eine Vier-Strich-Peilung durchführen wollte?

6 Wo steht die Yacht um 15.45 h?

7 Von hier setzt man einen Kurs von 158° ab. Man rechnet nun mit einer Windabdrift von 5°. Wie lautet der KpK?

8 Um 16.45 h peilt man den *LT Kelds Nor* am Kompaß unter 310° und den Kirchturm *Kappel* auf *Lolland* unter 42°. Wie lauten die rechtweisenden Peilungen?

9 Wo steht man um 16.45 h?

10 Wie ist man versetzt?

11 Wie groß war die Fahrt über Grund?

12 Wie lautet der KüG?

13 Welcher Strom herrscht?

14 Der Schiffsführer entschließt sich zu wenden. Nach der Wende können am Kompaß 75° gesteuert werden. Wie lautet der Kurs durch Wasser?

15 Welcher Kurs über Grund wird gelaufen?

16 Wie schnell läuft die Yacht über Grund?

17 Was zeigte die Logge am Punkt der Wende an?

Teil 3:
Lösungen der Aufgaben

Aufgabe 1

Lösung

1 Man steht an der Ansteuerungstonne *Eckernförde.* Es handelt sich um eine Fahrwassermitte-Tonne: schwarz-rot senkrecht gestreift mit schwarzem Doppelkreuz als Toppzeichen.

2 Man entnimmt der Karte: rwK = 67,5°.

3

	rwK	67,5°
entg.	Mw	+ 02,0°
	mwK	69,5°
entg.	δ	– 09,0°
	KpK	60,5°

4 Windabdrift braucht nicht berücksichtigt werden, da man mit achterlichem Wind läuft.

5 Man beobachtet das Leitfeuer *Wilhelmsthal,* und zwar den Übergang vom Leitsektor zum Gefahrensektor. Der Schiffsort ergibt sich aus dem Schnittpunkt der Sektorengrenze mit der Kurslinie. Man erhält:
$\varphi = 54° \, 28{,}9' \, N; \lambda = 9° \, 55{,}7' \, E$.

6 Diese Kennung kennzeichnet bei einem Leitfeuer einen Bb-Gefahrensektor. Hier wird auf die Untiefe *Mittelgrund* hingewiesen.

7 Es gilt: $F(kn) = \dfrac{D\,(sm) \cdot 60}{t\,(min)}$

$$= \frac{2{,}4 \cdot 60}{30} = \underline{\underline{4{,}8\ kn.}}$$

Die Distanz von 2,4 sm entnimmt man der Karte von Tonne Eckernförde bis zum Schiffsort.

8 Man entnimmt der Seekarte die Distanz von Tonne *Eckernförde* bis zur Tonne *Stollergrund N* mit 12,6 sm.

$$t = \frac{D\,(sm) \cdot 60}{F\,(kn)} = \frac{12{,}6 \cdot 60}{4{,}8} = \underline{\underline{157\ min.}}$$

Tonne *Eckernförde*	18.00 h
Fahrtzeit	+ 2.37 h
Tonne *Stollergrund N*	20.37 h

9

LT Wilhelmsthal:	Blz. (2) w.
LT Schleimünde:	Blk. (3) r.
LT Kiel:	Glt. gn.
LT Bülk:	Blz. r.

10

KpK	342,5°
δ	– 05,5°
mwK	337,0°
Mw	– 02,0°
rwK	335,0°

Trägt man diesen rwK in die Karte ein, so führt er zur Sperrgebiet-Tonne 1, Ubr. (2).

11 Man bildet die Zeitspanne:

Koppelort 21.49 h	21.49 h
Tonne *Stollergrund N*	– 20.37 h
Fahrtdauer	1.12 h

Es gilt: D (sm) = F (kn) · t (h)
= 5 · 1,2 = 6 sm.

Als Koppelort ergibt sich dann:
$\varphi = 54° \, 38{,}3' \, N; \lambda = 10° \, 7{,}6' \, E$.

12 Man hat die Leuchtfeuer *Schleimünde* und *Kiel* gepeilt.

	LT Kiel	*LT Schleimünde*
S↗		327,0°
KpK		+342,5°
Kp↗	159,5°	309,5°
δ	– 05,5°	– 05,5°
mw↗	154,0°	304,0°
Mw	– 02,0°	– 02,0°
rw↗	152,0°	302,0°

Schiffsort: $\varphi = 54° \, 37{,}8' \, N; \lambda = 10° \, 9{,}4' \, E$.
Wassertiefe am Schiffsort: 22 m.

13 Bv = 114° – 1,1 sm.

14 Peilung und Abstand zum *LT Schleimünde:* 302° – 4,9 sm. Die Peilung muß natürlich der rw↗ entsprechen.

15 Man steht im roten Sektor des Leuchtfeuers *Bülk* und ist etwa 10,5 sm entfernt. Das rote Feuer trägt 11 sm weit. Die Sichtweite für das 29 m hohe Feuer beträgt bei 3 m Augenhöhe 14,7 sm (vgl. die Tafel *Abstand eines Feuers in der Kimm* auf S. 99). Bei normaler Sicht müßte das Feuer also gerade noch wahrnehmbar sein.

16

	KdW	302°
entg.	BfW	– 03°
	rwK	299°
entg.	Mw	+ 02°
	mwK	301°
entg.	δ	+ 10°
	KpK	311°

17 Die Seekarte gibt an, daß am Leuchtturm eine Sturmsignalstelle eingerichtet ist. Es ist Sturmwarnung für NW-Sturm (= 8 Bft. und mehr) gegeben.

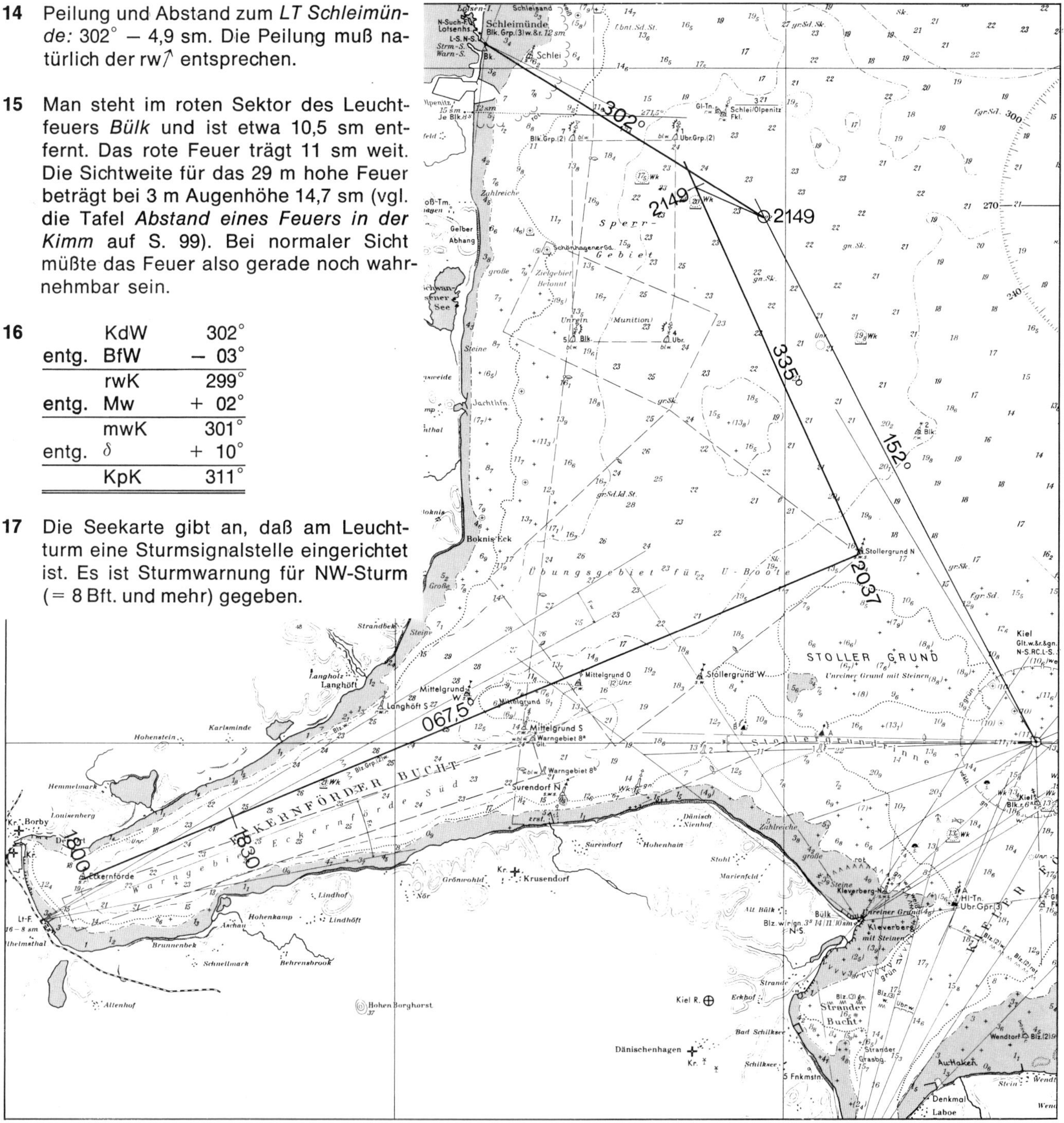

Aufgabe 2

Lösung

1 Um das Leuchtfeuer *Kegnäs,* in dessen roten Sektor man steht.

2

KpK	125,5°
δ	+ 06,5°
mwK	132,0°
Mw	– 02,0°
rwK	130,0°

3 Die Peilung „recht voraus" von *LT Kalkgrund* entspricht genau dem rwK = 130°.
Peilung *LT Kegnäs:*

Kp↗	080,5°
δ	+ 06,5°
mw↗	087,0°
Mw	– 02,0°
rw↗	085,0°

4 Der Schiffsort ergibt sich aus dem Schnittpunkt beider Peilungen:
$\varphi = 54° 50{,}8'$ N; $\lambda = 9° 50{,}8'$ E.

5

	rwK	093,5°	(aus der Karte)
entg.	Mw	+ 02,0°	
	mwK	095,5°	
entg.	δ	– 10,0°	
	KpK	085,5°	

6 Die Tonne ist befeuert.

7 Es gilt: $F\ (\text{kn}) = \dfrac{2 \cdot \text{Meßstrecke (m)}}{\text{Durchlaufzeit (sec)}}$

$$= \frac{2 \cdot 12}{6} = \underline{\underline{4\ \text{kn.}}}$$

8 Man entnimmt der Karte eine Distanz von 10,9 sm.

$$t = \frac{D\ (\text{sm}) \cdot 60}{F\ (\text{kn})} = \frac{10{,}9 \cdot 60}{4} = \underline{\underline{164\ \text{min.}}}$$

Ort der Peilungen um	23.10 h
Fahrtzeit	+ 02.44 h
Ankunftszeit	01.54 h

9 Um die rot-weiß gewürfelte Tonne 6 mit einem roten Ball als Toppzeichen.

10 Weiß! Ist in der Karte keine Feuerfarbe angegeben, so ist das Feuer immer weiß.

11 Am Schnittpunkt zwischen Kurslinie und Feuer in Linie ist es genau 15 m tief.

12 Wechsel der Feuerfarbe von Leuchtfeuer *Falshöft* von grün in rot.

13 Oberfeuer: Blitzfeuer weiß.
Unterfeuer: Festfeuer weiß.

14 Es gilt: δ (KpK) = mw↗ – Kp↗.
Die mw↗ erhalten wir, indem wir die rw↗ = 045° aus der Karte entnehmen.
Dann gilt:

	rw↗	045°
entg.	Mw	+ 02°
	mw↗	047°

Die Kp↗ ist mit 039° angegeben. Dann erhalten wir:
δ (KpK) = mw↗ – Kp↗ = 047° – 039°
= $\underline{\underline{+\ 08°}}$
Die Tabelle gibt aber +10° an!
Beachte, daß man nicht für die Peilwerte, sondern für den KpK von 85,5° bzw. den mwK von 95,5° in die Tabelle gehen muß.
Ergebnis: Die Tabelle stimmt für den anliegenden Kurs nicht oder die Peilung wurde ungenau ausgeführt!

15

	Falshöft	*Kegnäs*	*Gammel Pöl*
Kp↗	208°	290°	005,5°
δ	+ 10°	+ 10°	+ 10,0°
mw↗	218°	300°	015,5°
Mw	– 02°	– 02°	– 02,0°
rw↗	216°	298°	013,5°

16 $\varphi = 54° 50{,}1'$ N; $\lambda = 10° 3'$ E.

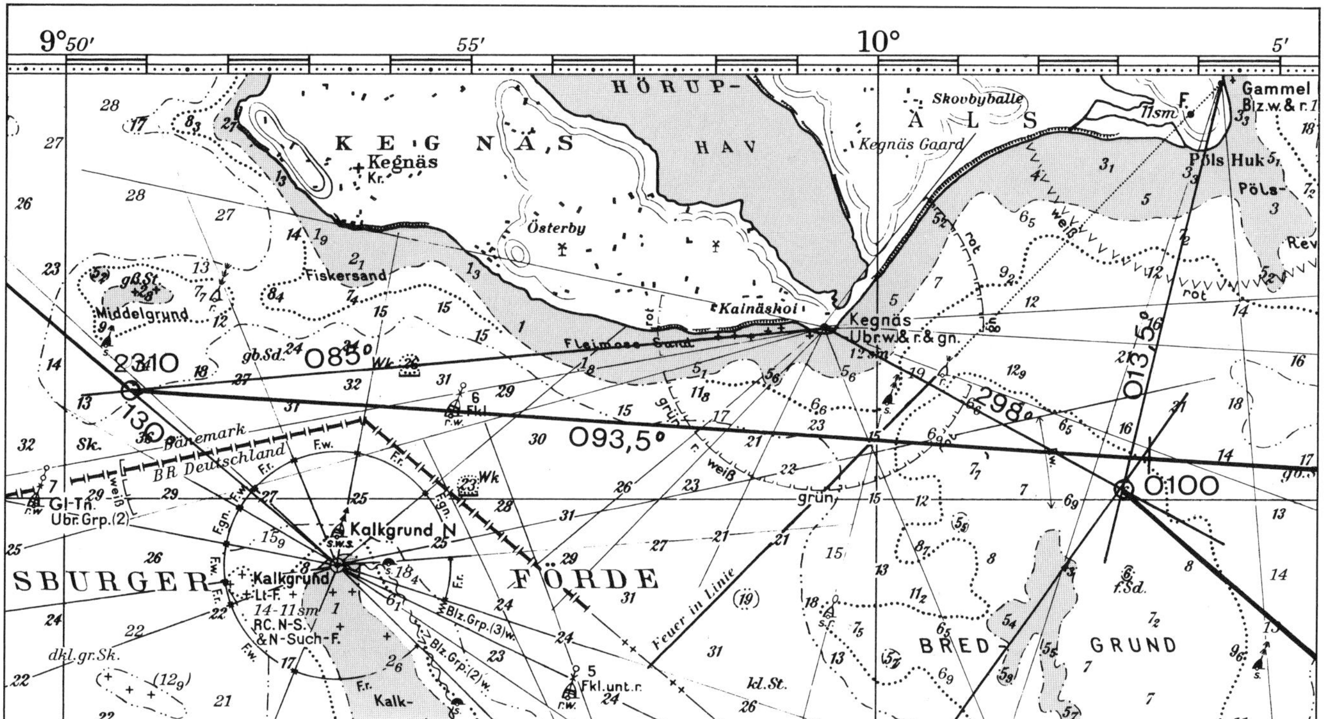

17 Um die Besteckversetzung zu bestimmen, muß zunächst der Koppelort für den Zeitpunkt der Peilungen errechnet werden.

Es gilt: $D\,(\text{sm}) = \dfrac{F\,(\text{kn}) \cdot t\,(\text{min})}{60}$

$= \dfrac{4 \cdot 110}{60} = \underline{\underline{7{,}3\ \text{sm.}}}$

Man trägt 7,3 sm auf dem Koppelkurs ab und erhält den Koppelort. Auf ihn wird die Versetzung bezogen. Man erhält: Bv = 221° – 0,3 sm.

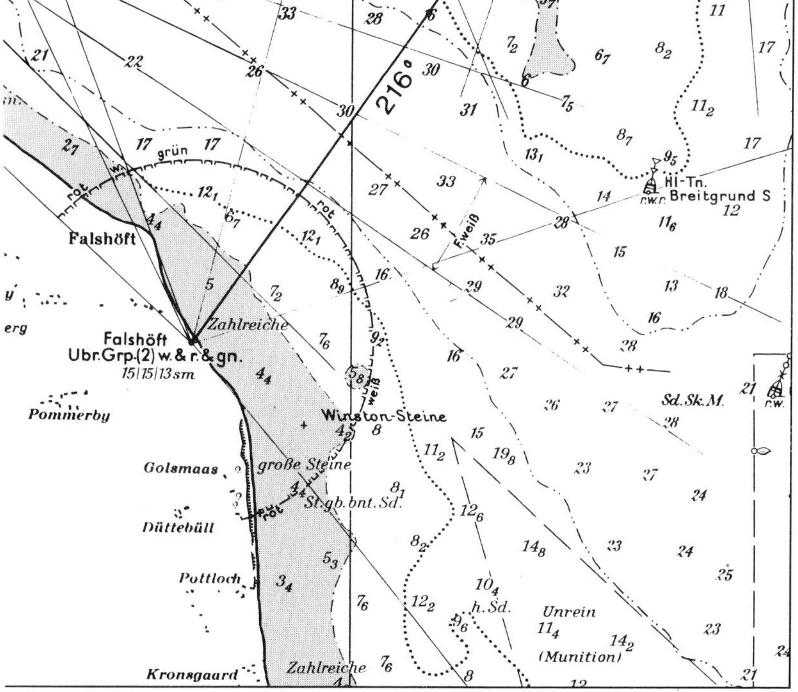

18

KpK	130°	
δ	+ 06°	
mwK	136°	
Mw	– 02°	
rwK	134°	
BfW	– 03°	(linksdrehend!)
KdW	131°	

Kartenkurs = KdW = 131°.

Aufgabe 3

Lösung

1 Tags: 1 schwarzer Ankerball.
Nachts: 1 weißes Rundumlicht.
Beide Zeichen sind dort zu setzen, wo sie am besten gesehen werden können.

2

	Bülk	*Laboe*	*D'hagen*
Kp↗	011°	160°	261°
δ	– 10°	– 10°	– 10°
mw↗	001°	150°	251°
Mw	– 02°	– 02°	– 02°
rw↗	359°	148°	249°

3 $\varphi = 54° \, 26{,}4'$ N; $\lambda = 10° \, 12'$ E.

4

	rwK	050°	(aus der Karte)
entg.	Mw	+ 02°	
	mwK	052°	
entg.	δ	– 07°	
	KpK	045°	

5 Distanz vom Ankerplatz zur Tonne A aus der Seekarte: 1,9 sm.

Tonne A um	08.00 h
„Anker auf!" um	– 07.41 h
Fahrtzeit	00.19 h

Es gilt: $F\ (\text{kn}) = \dfrac{D\ (\text{sm}) \cdot 60}{t\ (\text{min})}$

$= \dfrac{1{,}9 \cdot 60}{19} = \underline{\underline{6\ \text{kn.}}}$

6

KpK	349°
δ	– 04°
mwK	345°
Mw	– 02°
rwK	343°

Trägt man diesen Kurs in die Karte ein, so führt er zur *Tonne* 3/*Schlei*/*Olpenitz.*

7 Distanz aus der Karte: 12,2 sm.
Bei einer Fahrt von 6 kn. benötigt man 2.02 h.
Also:

Tonne A um	08.00 h
Fahrtzeit	02.02 h
Tonne 3	10.02 h

8 Bei 6 kn Fahrt legt man in 85 Minuten 8,5 sm zürück. Der Koppelort für 09.25 h:

$\varphi = 54° \, 35{,}7'$ N; $\lambda = 10° \, 10{,}2'$ E.

9 147° – 6,8 sm

10

	1. Peilung	2. Peilung
S↗	316°	300°
rwK	343°	343°
rw↗	299°	283°

11 Durch Konstruktion dieser Doppelpeilung erhält man bei einer Versegelung von 19,3–16,3 = 3 sm als Schiffsort:
$\varphi = 54° \, 35{,}8'$ N; $\lambda = 10° \, 11{,}4'$ E.

12 Bv = 91° – 0,8 sm.

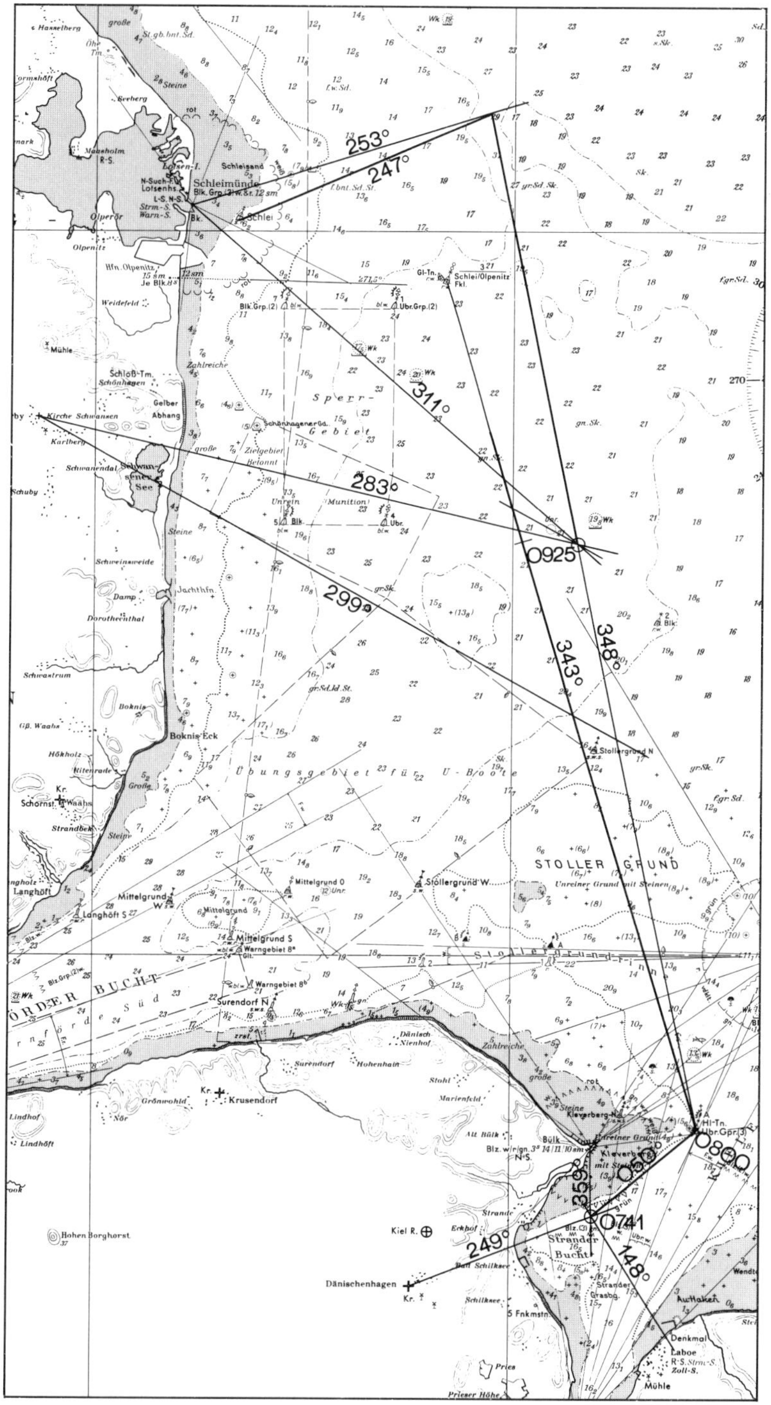

13 348°

14

Kp↗	317°
δ	– 04°
mw↗	313°
Mw	– 02°
rw↗	311°

15 Wird diese Peilung eingetragen, so läuft sie genau durch den letzten Schiffsort.

16 BfW = KdW – rwK = 348° – 343° = +5°.

17 Jede Seitenpeilung ist auf den rwK bezogen, ebenso eine Querab-Peilung. Die rechtweisende Peilung ergibt sich dann aus:
rwK – 90° = 343° – 90° = 253°.
Trägt man diese Peilung ein, ergibt sich:
φ = 54° 41,6′ N; λ = 10° 9,1′ E.

18

KpK	259°	
δ	– 06°	
mwK	253°	
Mw	– 02°	
rwK	251°	
BfW	– 04°	(linksdrehend)
KdW	247°	

Der KdW = KaK = 247°.

19 Der Kurs führt zur Ansteuerungstonne *Schlei.*

20 Nein, denn der D 30 sind keine Informationen über das Fahrwasser der Schlei zu entnehmen. Man muß also eine größere Detailkarte verwenden.

21 Aus einem Hafenhandbuch, z. B. dem *Hafenhandbuch Ostsee* der Kreuzerabteilung des DSV.

Aufgabe 4

Lösung

1

KpK	209°
δ	– 01°
mwK	208°
Mw	– 02°
rwK	206°

2 Der Schiffsort ergibt sich aus dem Schnittpunkt der (verlängerten) Richtfeuerlinie von *Enehöje* und der rw↗ *LT Albuen.*

Kp↗	147°
δ	– 01°
mw↗	146°
Mw	– 02°
rw↗	144°

Ein anderer Wert für die Deviation (etwa +5°) ist falsch, da er nicht auf den Kurs bezogen wäre!
Schiffsort: φ = 54° 52,1′ N; λ = 10° 55,2′ E.

3

	rw↗	120°	(aus der Karte)
entg.	Mw	+ 02°	
	mw↗	122°	
entg.	δ	+ 01°	
	Kp↗	123°	

Man hätte 123° auf dem Kompaß peilen müssen.
Für die Seitenpeilung gilt:
S↗ + rwK = rw↗.
Also: S↗ = rw↗ – rwK.
S↗ = 120° –206°
S↗ = 274°.

4

	rwK	218°
entg.	Mw	+ 02°
	mwK	220°
entg.	δ	+ 02°
	KpK	222°

5 Es gilt: $F\,(kn) = \dfrac{D\,(sm)}{t\,(h)}$

Aus der Karte entnimmt man die Distanz vom Ort der Kursänderung zur Tonne 4 mit 3,9 sm.

Ankunftszeit bei Tonne 4	07.15 h
Kursänderung um	– 06.30 h
Fahrtzeit	00.45 h

$$F\,(kn) = \frac{3{,}9 \cdot 60}{45} = 5{,}2\ kn.$$

6 Kein Toppzeichen. Das liegende Kreuz gibt nur an, daß die Tonne befeuert ist.

7 Die Heultonne ist schwarz-rot senkrecht gestreift, befeuert mit einem Blitzfeuer mit Gruppen von 2 Blitzen und mit einem Radarreflektor versehen.

8 Man erhält den Ort der Querab-Peilung, indem man die rw↗ einträgt. Sie ergibt sich aus: rwK + 90° = 218° + 90° = 308°.
Die Distanz bis dorthin beträgt 5,4 sm.

$$\text{Es gilt: } t\,(min) = \frac{D\,(sm) \cdot 60}{F\,(kn)} = \frac{5{,}4 \cdot 60}{5{,}2} = 62\ min.$$

Tonne 4	07.15 h
Fahrtzeit	+ 01.02 h
Querab-Peilung um	08.17 h

9

	LT Kelds Nor	*Kr. Magleby*
S↗	027°	074°
rwK	218°	218°
rw↗	245°	292°

10 Schiffsort: φ = 54° 45′ N; λ = 10° 48′ E.

11 Zunächst muß der Koppelort für 08.00 h ermittelt werden. Bei einer Fahrt von 5,2 kn hat man in 45 Minuten 3,9 sm zurückgelegt, die von Tonne 4 aus angetragen werden. Von diesem Koppelort aus wird die Versetzung abgelesen: 74° – 1,35 sm.

12 Da die Versetzung nicht durch Strom verursacht wurde, muß sie den tatsächlich gesegelten Weg zeigen:

Um 06.30 h	5,0
bis Tonne 4	3,9
bis 08.00 h	2,9
Anzeige	11,8

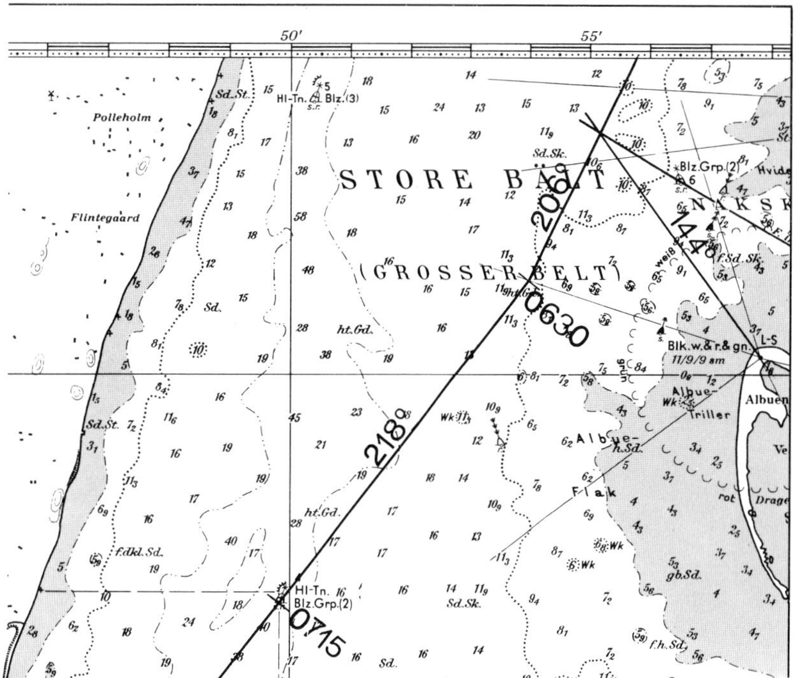

13 Es gilt: $F\,(\text{kn}) = \frac{D\,(\text{sm}) \cdot 60}{t\,(\text{min})}$

$= \frac{2{,}9 \cdot 60}{45} = \underline{\underline{3{,}9\ \text{kn.}}}$

14

	KdW	236°	(aus der Karte)
entg.	BfW	+ 05°	
	rwK	241°	
entg.	Mw	+ 02°	
	mwK	243°	
entg.	δ	+ 04,5°	
	KpK	247,5°	

15 Kiellinie = rwK = 241°.

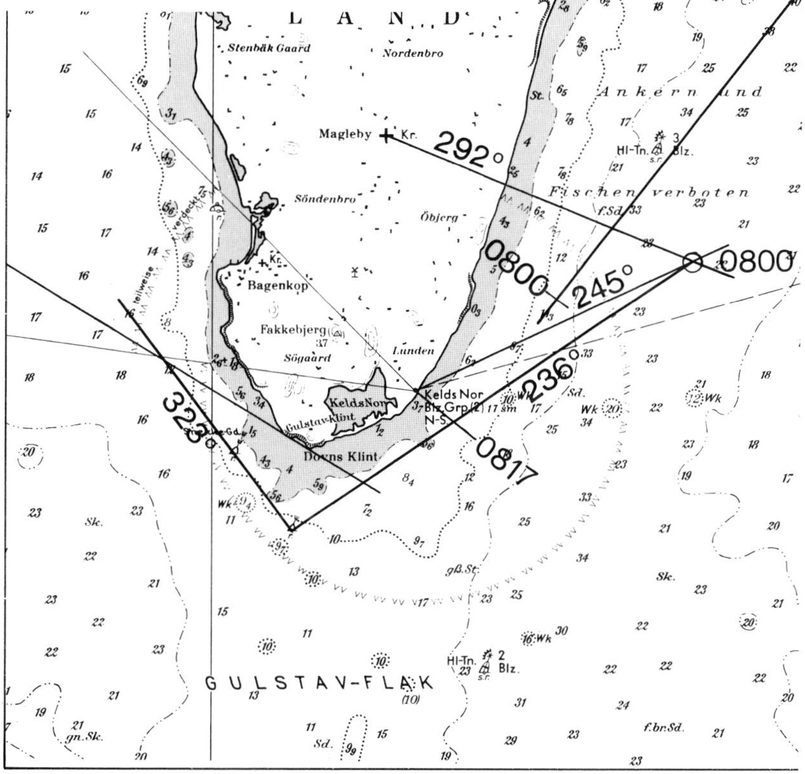

16 Distanz = 4,6 sm.

Es gilt: $t = \frac{D}{F} = \frac{4{,}6 \cdot 60}{3{,}9} = 71$ min.

Ankunftszeit also: 09.11 h.

17 Durch Eintragen der Deckpeilung erhält man: $\varphi = 54°\ 43'$ N; $\lambda = 10°\ 42{,}5'$ E.

18 41,5° – 1,8 sm.

19

	KdW	323°
entg.	BfW	– 05°
	rwK	318°
entg.	Mw	+ 02°
	mwK	320°
entg.	δ	+ 08°
	KpK	328°

20 Die Logge zeigt immer den Weg durch Wasser an. Da kein Strom setzt, sind die Distanzen zu addieren:

Peilungsort	11,8
Weg	4,6
Anzeige	16,4

Aufgabe 5

Lösung

1 Es wurde eine 4-Strich-Peilung vorgenommen. Den Schiffsort erhält man dann, indem man die Versegelung auf der zum rwK senkrecht verlaufenden letzten Peillinie durch den Leuchtturm abträgt.

Loggestand 2. Peilung	39,2
Loggestand 1. Peilung	− 37,0
Versegelung	2,2

KpK	234,5°
δ	− 03,5°
mwK	231,0°
Mw	− 02,0°
rwK	229,0°

Trägt man die letzte Peillinie mit 229° +90° = 319° in die Karte ein und trägt hierauf 2,2 sm ab, so erhält man:
$\varphi = 54°\ 22{,}6'$ N; $\lambda = 11°\ 21{,}2'$ E.

2 20 m

3 Bv = 195° − 1,5 sm.

4

	rwK	271°
entg.	Mw	+ 02°
	mwK	273°
entg.	δ	+ 09°
	KpK	282°

5 Peilung und Abstand zum *LT Staberhuk:* 54,5° − 2,8 sm

6 Es gilt: $F\ (kn) = \dfrac{D\ (sm) \cdot 60}{t\ (min)}$

$$= \frac{6{,}1 \cdot 60}{61} = \underline{6\ kn.}$$

7 Der Kartenkurs entspricht dem KdW, der in der Karte mit 305° angegeben ist.

8

	KdW	305°
entg.	BfW	+ 02°
	rwK	307°
entg.	Mw	+ 02°
	mwK	309°
entg.	δ	+ 09°
	KpK	318°

9 „Recht voraus" liegen die beiden Feuer nur dann, wenn sie auf der vom rwK gebildeten Linie liegen. Hier wird aber um die Windabdrift vorgehalten.

10 Man hält auf das Richtfeuer zu, das von den Leuchtfeuern *Flügge* und *Stukkamphuk* gebildet wird. An der Fehmarnbrükke wird der Kurs so geändert, daß man im weißen Gleichtaktsektor des Brückenfeuers den Sund nach W verläßt.

11 Im *Hafengrundbuch Ostsee* der KA des DSV oder im *Ostseehandbuch* des DHI findet man 23 m lichte Durchfahrthöhe.

12 Wenn − wie beim Fehmarnsund − 2 Meeresteile durch ein Fahrwasser verbunden werden, legt ein aus westlicher Richtung (einschl. rwN ausschl. rwS) kommendes Fahrzeug die Fahrwasserseiten fest. Die Betonnung ist hier also richtig, da ein aus W kommendes Fahrzeug die Stb-Tonne (Bb-Tonne) an seiner Stb- (Bb-)Seite hat.

13

KpK	307°	
δ	− 10°	
mwK	297°	
Mw	− 02°	
rwK	295°	
BfW	− 03°	(linksdrehend!)
KdW	292°	

Der KaK (Kartenkurs) = KdW = 292°.

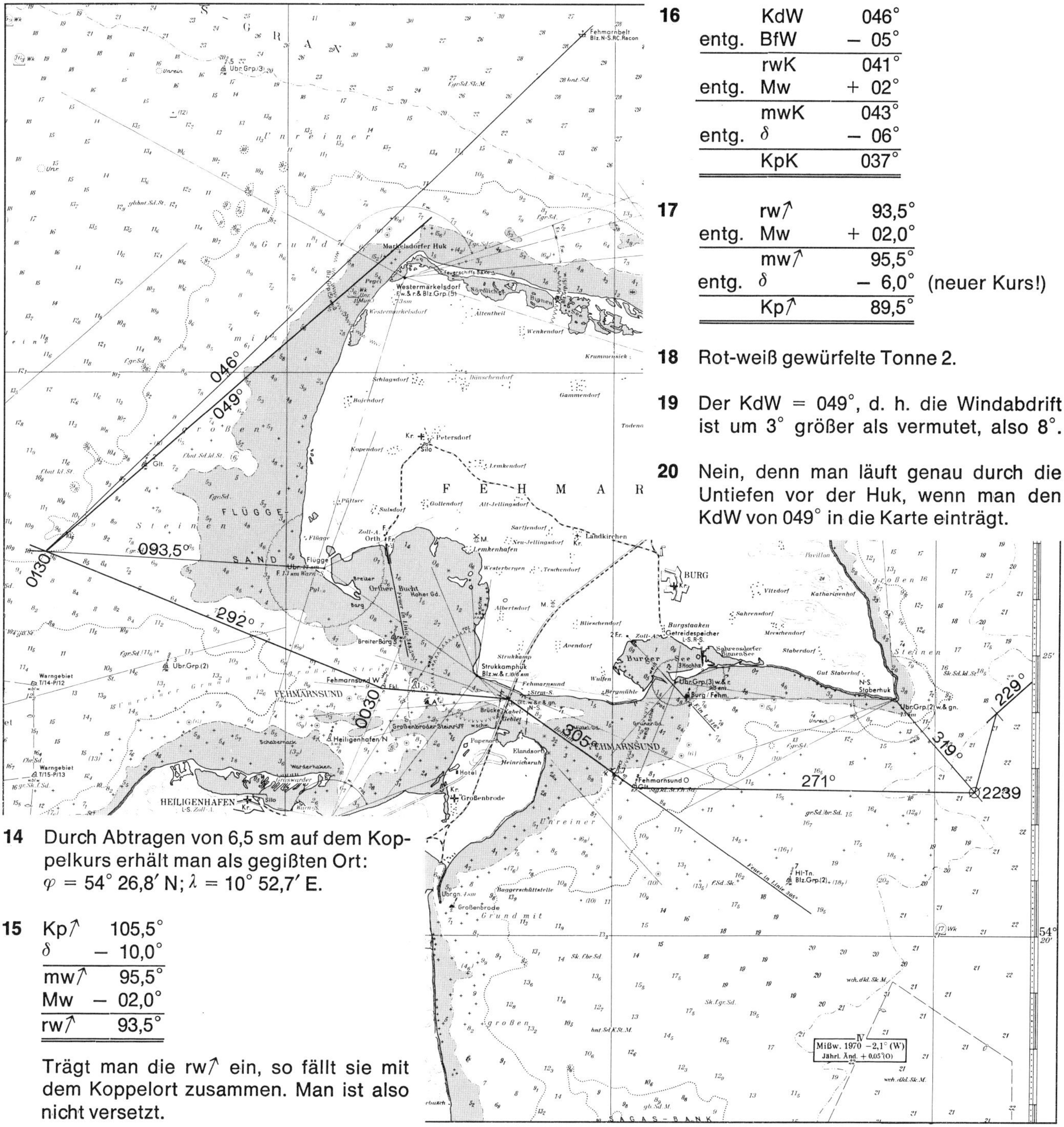

16

	KdW	046°
entg.	BfW	− 05°
	rwK	041°
entg.	Mw	+ 02°
	mwK	043°
entg.	δ	− 06°
	KpK	037°

17

	rw↗	93,5°	
entg.	Mw	+ 02,0°	
	mw↗	95,5°	
entg.	δ	− 6,0°	(neuer Kurs!)
	Kp↗	89,5°	

18 Rot-weiß gewürfelte Tonne 2.

19 Der KdW = 049°, d. h. die Windabdrift ist um 3° größer als vermutet, also 8°.

20 Nein, denn man läuft genau durch die Untiefen vor der Huk, wenn man den KdW von 049° in die Karte einträgt.

14 Durch Abtragen von 6,5 sm auf dem Koppelkurs erhält man als gegißten Ort: $\varphi = 54° 26{,}8' \text{ N}; \lambda = 10° 52{,}7' \text{ E}$.

15

Kp↗	105,5°
δ	− 10,0°
mw↗	95,5°
Mw	− 02,0°
rw↗	93,5°

Trägt man die rw↗ ein, so fällt sie mit dem Koppelort zusammen. Man ist also nicht versetzt.

Lösung

1 $\varphi = 54° 22,55' N$; $\lambda = 10° 48' E$.
Beachte, daß der Ort des Leuchtturms nicht genau mit dem Fadenkreuz des Kreisfunkfeuers zusammenfällt, sondern etwas westlich davon liegt.

2

KpK	000°	
δ	– 02°	
mwK	358°	
Mw	– 02°	
rwK	356°	
BfW	– 04°	(linksdrehend)
KdW	352°	

Kartenkurs = KdW = 352°.

3 Die Richtung der Kiellinie entspricht dem rwK, also 356°!

4 Zunächst wird die Bb-Seitenpeilung umgerechnet in eine Seitenpeilung der Vollkreisscheibe: S↗ = 360° – 112° = 248°.

	LT Neuland	Kr. *H'Hafen*
S↗	248°	117°
rwK	356°	356°
rw↗	244°	113°

5 $\varphi = 54° 25,1' N$; $\lambda = 10° 48,1' E$.

6 Man entnimmt der Karte: 001°.

7 Zunächst muß der Koppelort für 10.10 h ermittelt werden. Er ergibt sich aus der FdW von 5 kn und der Zeitspanne zwischen 10.10 h und 09.40 h.
Es gilt: D (sm) = F (kn) · t (h) = 5 · 1/2 = 2,5 sm.
Trägt man diese 2,5 sm vom Schiffsort von 09.40 h aus auf dem KdW ab, so erhält man den Koppelort, auf den die Versetzung bezogen werden muß. Man erhält: Bv = 87° – 0,4 sm.

8

	KdW	003°
entg.	BfW	+ 04°
	rwK	007°
entg.	Mw	+ 02°
	mwK	009°
entg.	δ	– 01°
	KpK	008°

9

KpK	098°	
δ	+ 09°	
mwK	107°	
Mw	– 02°	
rwK	105°	
BfW	+ 04°	(nun rechtsdrehend)
KdW	109°	

10 Da der *LT Flügge* nach der Wende genau recht voraus war, sah man ihn in der Verlängerung der Kiellinie, also auf dem neuen rwK von 105°. Den Ort der Wende erhalten wir, indem wir 105° vom *LT Flügge* aus antragen und den Schnittpunkt mit dem KdW von 003° bilden.
$\varphi = 54° 28,5' N$; $\lambda = 10° 48,4' E$.

11 Distanz aus der Karte: 3,4 sm.
Fahrtzeit: 10.10 h bis 10.44 h = 34 min.

$$\text{Fahrt} = \frac{3,4 \cdot 60}{34} = 6 \text{ kn.}$$

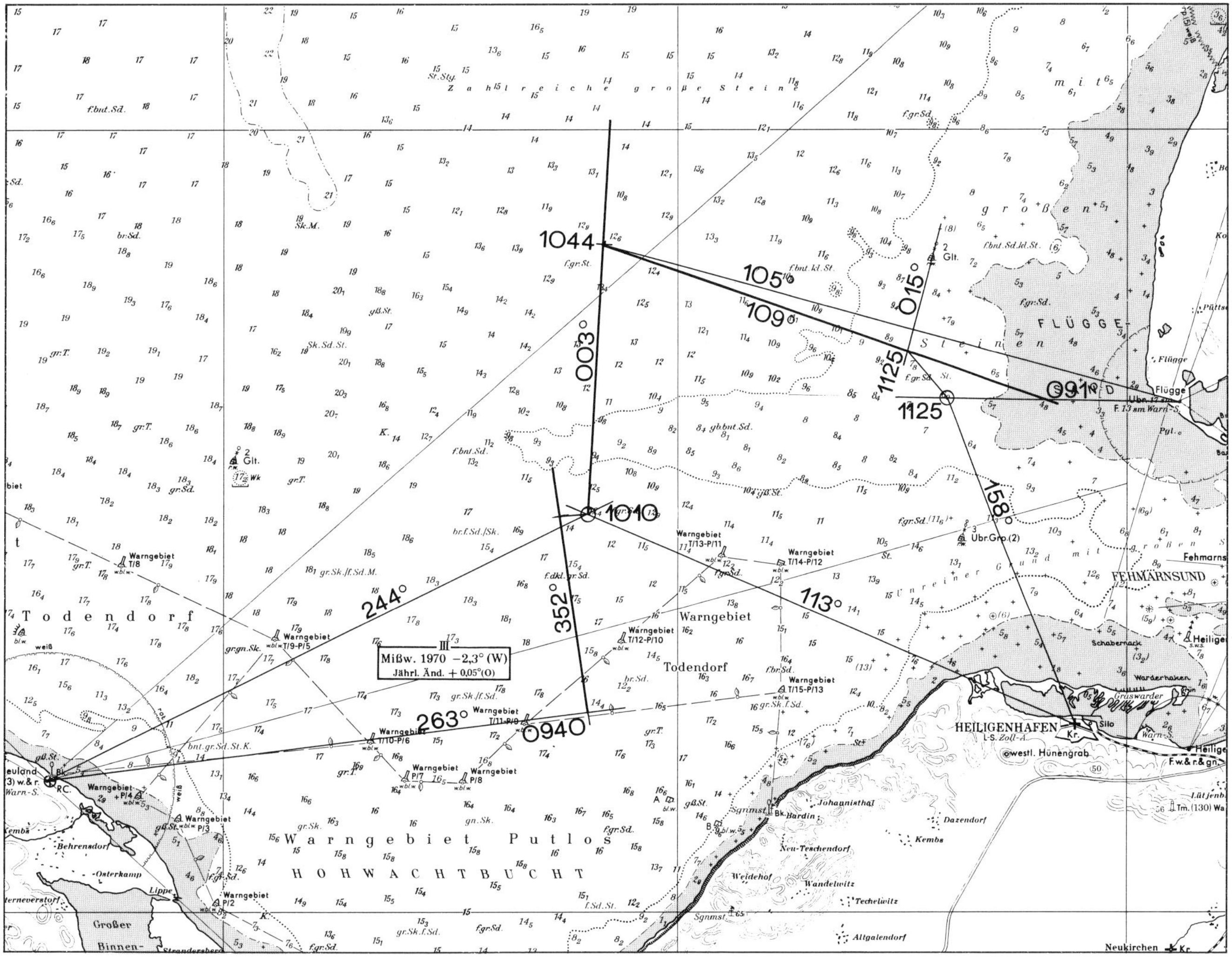

12 Die Querabpeilung ist auf den rwK von 105° zu beziehen: 105° − 90° = 015°. Trägt man diese Linie von der Tonne ausgehend in die Karte ein, so schneidet sie den KdW im Ort der Querabpeilung. Bis dorthin sind es 4,1 sm, die bei 6 kn Fahrt in 41 Minuten zurückgelegt werden.

Wende um	10.44 h
Fahrtzeit	+ 00.41 h
Tonne Bb querab um	11.25 h

13

	LT Flügge	*Kr. H'hafen*
Kp↗	084°	151°
δ	+ 09°	+ 09°
mw↗	093°	160°
Mw	− 02°	− 02°
rw↗	091°	158°

14 φ = 54° 26,6′ N; λ = 10° 56′ E.

15 Wassertiefe: 6,9 m

16 Bv = 140° − 0,8 sm.

Aufgabe 7

Lösung

1

	LT Neuland	Kr. Schönberg
Kp↗	176°	255°
δ	− 09°	− 09°
mw↗	167°	246°
Mw	− 02°	− 02°
rw↗	165°	244°

2 $\varphi = 54° 27' N; \lambda = 10° 33{,}6' E$.

3

	KdW	302°	(aus der Karte)
entg.	BfW	+ 04°	
	rwK	306°	
entg.	Mw	+ 02°	
	mwK	308°	
entg.	δ	+ 09°	
	KpK	317°	

4 Distanz zur Tonne *Gabelsflach O* aus der Karte: 8,1 sm.

Es gilt: $t\,(\text{min}) = \dfrac{D\,(\text{sm}) \cdot 60}{F\,(\text{kn})}$

$$= \frac{8{,}1 \cdot 60}{5{,}5} = 88 \text{ min.}$$

Kreuzpeilung um	14.32 h
Fahrtzeit	+ 01.28 h
Ankunftszeit	16.00 h

5

	1. Peilung	2. Peilung
S↗	329°	311°
rwK	306°	306°
rw↗	275°	257°

Beachte, daß Seitenpeilungen auch bei Wind- oder Stromeinfluß auf den rwK (= Kiellinie) bezogen werden.
Durch Konstruktion der Doppelpeilung ergibt sich:
$\varphi = 54° 30{,}7' N; \lambda = 10° 21{,}3' E$.

6 Der Koppelort ergibt sich aus:

$$D\,(\text{sm}) = \frac{t\,(\text{min}) \cdot F\,(\text{kn})}{60} = \frac{88 \cdot 5{,}5}{60}$$

$$= 8{,}1 \text{ sm.}$$

Trägt man diesen Koppelort in die Karte ein, so erhält man: Bv = 202° — 0,7 sm.

7 Ja, denn der Winkel zwischen KdW und der 1. Peilung beträgt 27° und zwischen der 2. Peilung und dem KdW 45°. Doch könnte die starke Versetzung auf Strom beruhen, so daß der Kartenkurs nicht mehr dem KdW entspricht. Dann liegt auf den Kartenkurs bezogen auch keine 27°/45°-Peilung mehr vor.

8 Turmhöhe aus dem Lfv.: 30 m
Entfernung aus der Tabelle: 2,9 sm.
Die Entfernung muß durch Interpolieren gewonnen werden.

9 Gleichtaktfeuer mit weißem, rotem und grünem Sektor, Tragweite 16 sm, Nebelschall-Sendestelle, Kreisfunkfeuer, Signalstelle, Radarantwortbake, Nebelsuchfeuer.

10 Bb querab ist auf den rwK bezogen!
rw↗ = 306° − 90° = 216°.
Man erhält als Ort der Wende:
$\varphi = 54° 31{,}7' N; \lambda = 10° 18{,}6' E$.

11

KpK	034°	
δ	+ 06°	
mwK	040°	
Mw	− 02°	
rwK	038°	
BfW	+ 04°	(nun rechtsdrehend)
KdW	042°	

Der KaK = KdW = 042°.

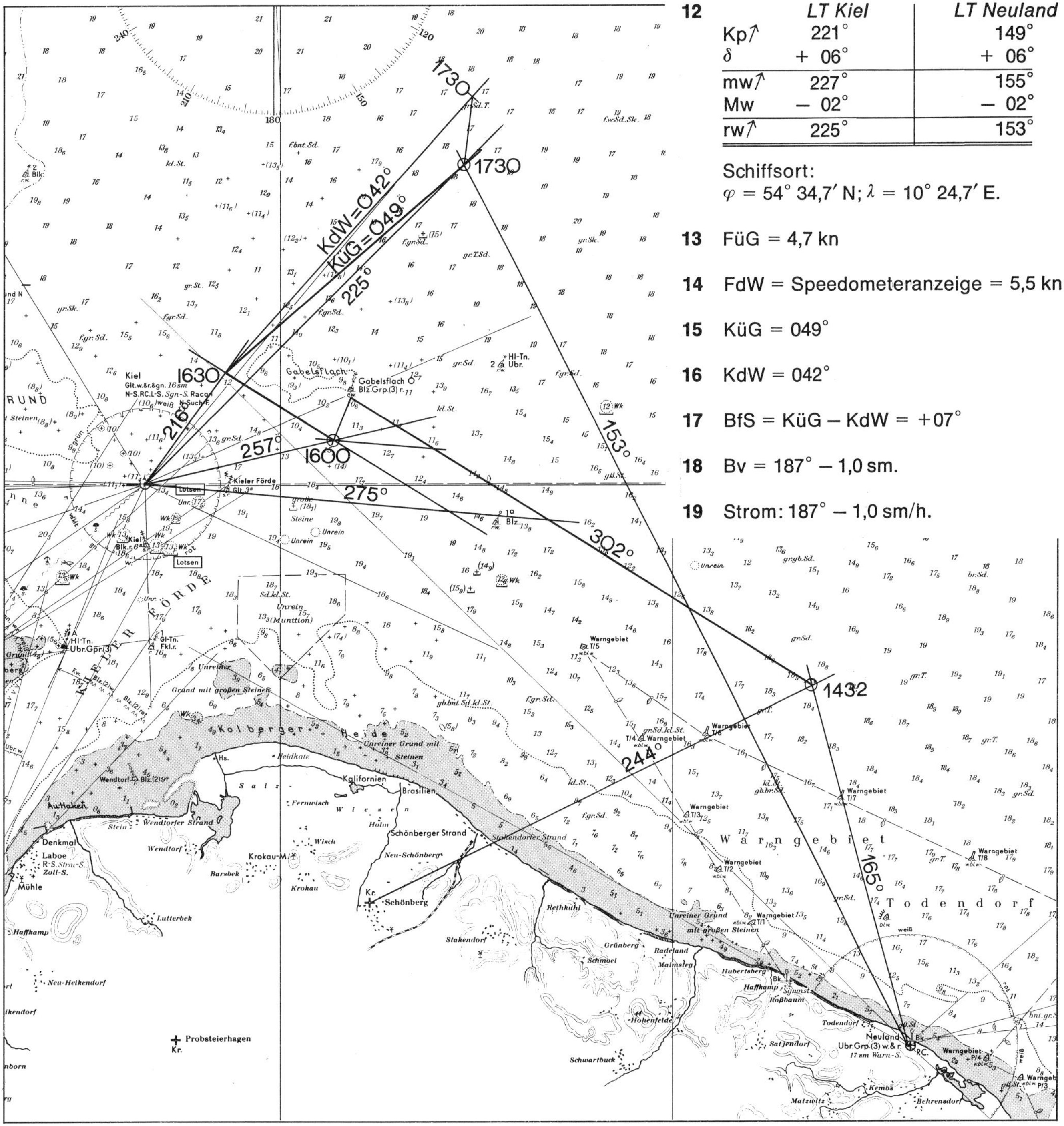

12

	LT Kiel	LT Neuland
Kp↗	221°	149°
δ	+ 06°	+ 06°
mw↗	227°	155°
Mw	– 02°	– 02°
rw↗	225°	153°

Schiffsort:
$\varphi = 54° 34{,}7' N; \lambda = 10° 24{,}7' E.$

13 FüG = 4,7 kn

14 FdW = Speedometeranzeige = 5,5 kn

15 KüG = 049°

16 KdW = 042°

17 BfS = KüG – KdW = +07°

18 Bv = 187° – 1,0 sm.

19 Strom: 187° – 1,0 sm/h.

Lösung

1 Kein Tagzeichen! Der Motorkegel wird nur auf besegelten Fahrzeugen geführt (Regel 25e SeeStrO).

2

KpK	328°
δ	− 08°
mwK	320°
Mw	− 02°
rwK	318°
BfW	− 07° (linksdrehend!)
KdW	311°

Der Kartenkurs ist gleich dem KdW = 311°.

3

	Tonne 3	*LT Flügge*
Kp↗	213°	081°
Fw	− 10°	− 10°
rw↗	203°	071°

Trägt man beide Peilungen in die Karte ein, so schneiden sie genau den Koppelkurs. Die Entfernung von der Tonne *Heiligenhafen* beträgt 3,4 sm. Man hatte also eine Fahrt von 3,4 kn.

4 Es gilt: $D\,(sm) = \frac{F\,(kn) \cdot t\,(min)}{60}$

$$= \frac{3{,}4 \cdot 75}{60} = \underline{\underline{4{,}3\ sm.}}$$

Man trägt 4,3 sm auf dem Koppelkurs ab und erhält als Ort der Wende:
$\varphi = 54°\ 28{,}5'$ N; $\lambda = 10°\ 51{,}4'$ E.

5

	KdW	052°
entg.	BfW	− 07°
	rwK	045°
entg.	Mw	+ 02°
	mwK	047°
entg.	δ	− 06,5°
	KpK	040,5°

6 Beachte, daß jede Querab-Peilung auf die Kielrichtung, also auf den rwK bezogen wird, nicht aber auf den KdW!
Die rechtweisende Peilung der Querab-Peilung erhält man also, indem man rechnet:
rwK +90° = 45° +90° = 135°.
Trägt man diese Peilung in die Karte ein, erkennt man, daß sie sich nicht im rechten Winkel mit dem Kartenkurs schneidet.
Die Distanz zu diesem Loggeort beträgt 7,3 sm. Als Fahrtzeit ergibt sich:

$$t\,(min) = \frac{D\,(sm) \cdot 60}{F\,(kn)}$$

$$= \frac{7{,}3 \cdot 60}{3{,}4} = 129\ min.$$

Ankunftszeit:		
	Wende um	17.00 h
	Fahrtzeit	+ 2.09 h
	Ankunft um	19.09 h

Man wird voraussichtlich (bei gleichbleibenden Verhältnissen) um 19.09 h *LT Westermarkelsdorf* querab peilen.

7 Man entnimmt der Seekarte die rechtweisende Sektorenbegrenzung mit 118°.
Die Seitenpeilung müßte betragen:
S↗ = rw↗ − rwK = 118° −045° = 073°.

8 Man rechnet: $D = \frac{13 \cdot H\,(m)}{7 \cdot n\,(min)}$

$$= \frac{13 \cdot 16}{7 \cdot 13} = 2{,}3\ sm$$

Zieht man einen Kreis mit Radius von 2,3 sm um den Leuchtturm, so schneidet er die Sektorengrenze in folgendem Ort:
$\varphi = 54°\ 32{,}8'$ N; $\lambda = 11°\ 0{,}1'$ E.

9 Nichts! Ihre Größe bestimmt sich lediglich nach der Erkennbarkeit und Übersichtlichkeit in der Karte.

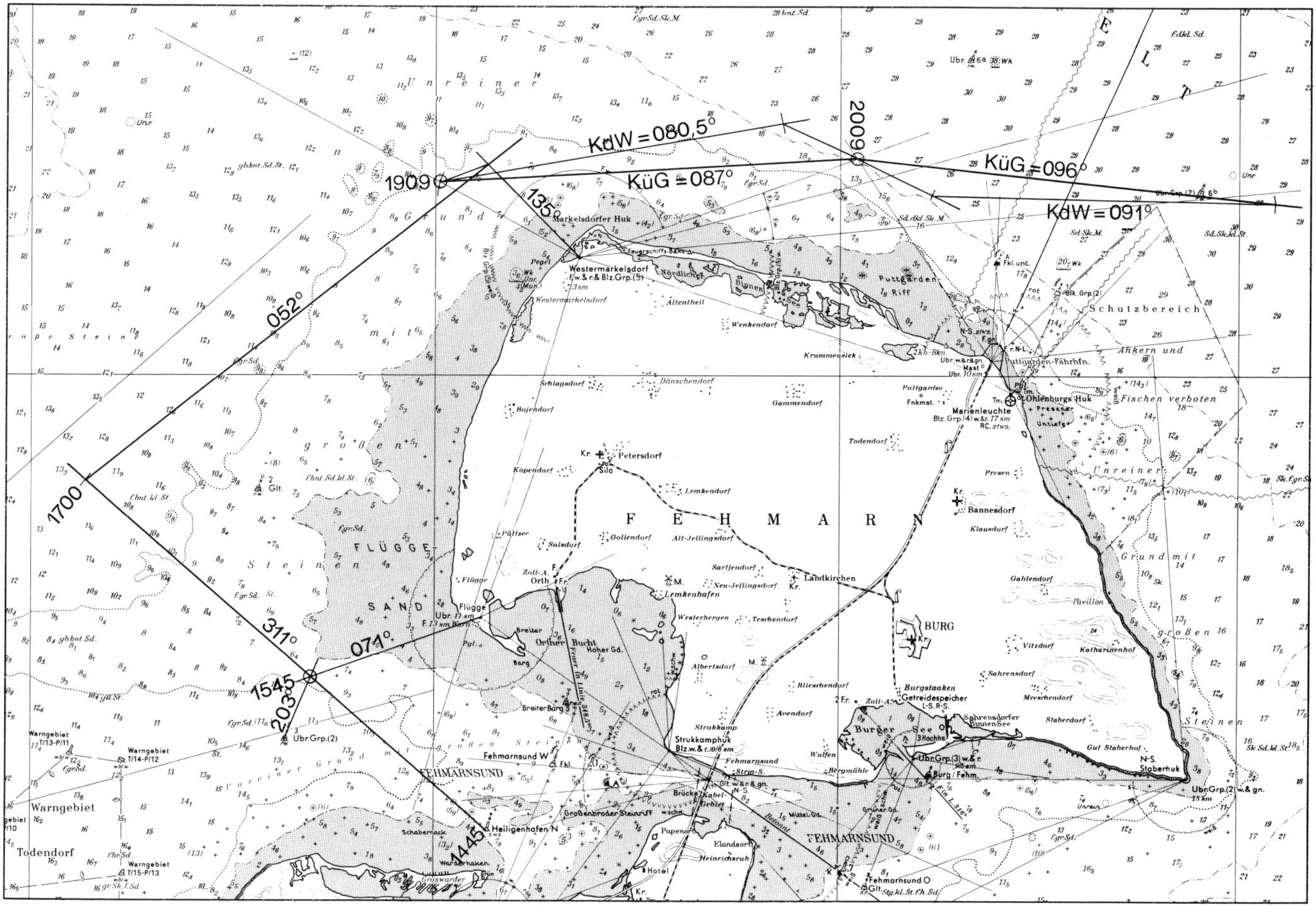

10 Bv = 251° – 0,75 sm.

11 Die Sektorengrenzen der Leuchtfeuer *Puttgarden-Fährhafen* und *Westermarkelsdorf* ergeben als Schiffsort: φ = 54° 33,1′ N; λ = 11° 10,4′ E.

12 Durch Zeichnen eines Stromdreiecks, das in unserem Fall genau einem Stundendreieck entspricht, ergibt sich: 115° – 1,2 sm/h

13 KüG = 087°

14 FüG = 6 kn

15 Konstruiert man ein Stromdreieck, so ergibt sich als KdW = 091°, der noch zum KpK beschickt werden muß:

	KdW	091° (= rwK)
entg.	Mw	+ 02°
	mwK	093°
entg.	δ	– 10°
	KpK	083°

16 Der Weg über Grund (WüG) beträgt 5 sm. Man benötigt bei einer FüG von 6,1 kn 49 min.

Peilort um	20.09 h
Fahrtzeit	+ 00.49 h
Tonne 6b um	20.58 h

Aufgabe 9

Lösung

1 Der Karte entnimmt man rwK = 113,5°.
Man erhält:

	rwK	113,5°
entg.	Mw	+ 02,0°
	mwK	115,5°
entg.	δ	− 08,5°
	KpK	107,0°

2 Man rechnet am einfachsten:

S↗	056,0°
rwK	113,5°
rw↗	169,5°

3 Schiffsort um 17.00 h:
$\varphi = 54°\ 48{,}8'$ N; $\lambda = 9°\ 57{,}1'$ E.

4 Distanz aus der Karte: 2,4 sm
Zeitdifferenz:

	17.00 h
−	16.30 h
	00.30 h

F = D : t = 2,4 : 0,5 = 4,8 kn

5 Durch Konstruktion beider Horizontalwinkelmessungen erhält man als Schiffsort: $\varphi = 54°\ 47{,}4'$ N; $\lambda = 10°\ 3'$ E.

6

KpK	153,5°
δ	+ 04,5°
mwK	158,0°
Mw	− 02,0°
rwK	156,0°

7 Zur Tonne 2, Blk., rot-weiß gewürfelt.

8 Es gilt: $F\ (\text{kn}) = \dfrac{2 \cdot \text{Meßstrecke (m)}}{\text{Durchlaufzeit (sec)}}$

$$= \frac{2 \cdot 10}{4} = 5\ \text{kn}$$

9 Distanz aus der Seekarte: 13,7 sm.

Es gilt: $t\ (\text{min}) = \dfrac{\text{Distanz (sm)} \cdot 60}{\text{Fahrt (kn)}}$

$$= \frac{13{,}7 \cdot 60}{5} = 165\ \text{min}$$

Voraussichtliche Ankunftszeit ist dann:

Tonne *Breitgrund S*	18.00 h
Fahrtzeit	+ 2.45 h
Ankunftszeit	20.45 h

10 Es handelt sich um die *Tonne 3/Schlei/Olpenitz.*

11 Man läßt die Tonne 3 an Stb. Denn die westlich von ihr liegende Glocken-Tonne kann gefährlich werden, da sie unbefeuert ist.

12 Man ermittelt den Koppelort auf dem ursprünglich abgesetzten Kurs von 156°, indem die zwischen 18.00 h und 19.18 zurückgelegte Loggedistanz abgetragen wird. Es gilt: D (sm) = F (kn) · t (h)

$$D = 5 \cdot \frac{78}{60} = 6{,}5\ \text{sm}$$

Als Koppelort für 19.18 h ergibt sich:
$\varphi = 54°\ 41{,}2'$ N; $\lambda = 10°\ 8{,}3'$ E.

13 Bv = 179° − 1,9 sm

14 Der Strom setzte 1,9 sm in 78 min.
In 1 Stunde setzte er dann etwa 1,45 sm/h. Also: 179° − 1,45 sm/h.
Diesen Wert erhält man auch durch Konstruktion eines Stundendreiecks!

15 Man hat über Grund 8,3 sm in 78 min zurückgelegt. Für 60 min ergibt sich:
FüG = 6,4 kn
Diesen Wert erhält man auch durch Konstruktion eines Stundendreiecks!

16 Die Fahrt durch Wasser entspricht der anfangs geloggten Fahrt von 5 kn.

17 KüG = 161°

18 KdW = 156°

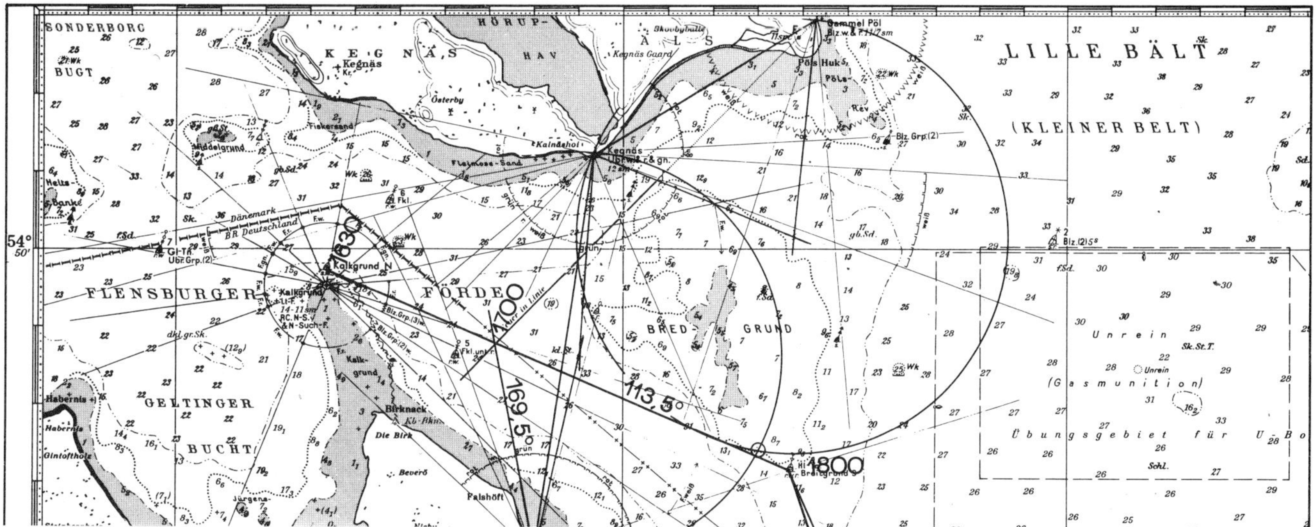

19 Stromversetzung = +05°.

20 Aus der Konstruktion eines Stromdreiecks ergibt sich als neuer KdW = 139°, der beschickt werden muß:

	KdW	139°
entg.	Mw	+ 02°
	mwK	141°
entg.	δ	– 06°
	KpK	135°

21 Durch Parallelverschiebung im neu konstruierten Stromdreieck erhält man als WdW (= Weg durch Wasser) 4,5 sm. Es gilt:

$$t = \frac{D\,(sm) \cdot 60}{F\,(kn)} = \frac{4{,}5 \cdot 60}{5} = 54 \text{ min.}$$

Voraussichtliche Ankunftszeit ist dann:

Tonne 3/Schlei/Olpenitz	19.18 h
Fahrtzeit	+ 0.54 h
Ankunftszeit	20.12 h

22 Beachte, daß nur die Wege durch Wasser, nicht aber die Wege über Grund addiert werden dürfen!

Loggestand Tonne *Breitgrund S*	17,0
WdW bis *Tonne 3/Schlei/Olp.*	6,5
WdW bis Tonne 2	4,5
Loggestand bei Tonne 2	28,0

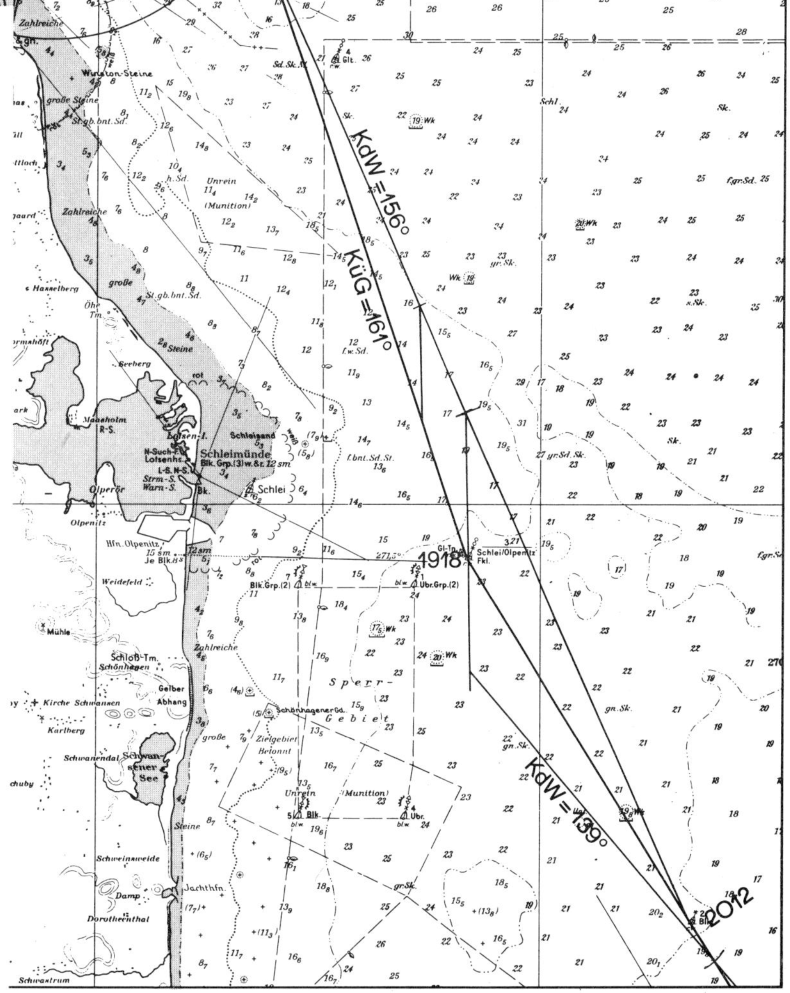

Aufgabe 10

Lösung

1

KpK	181°
δ	+ 02°
mwK	183°
Mw	– 02°
rwK	181°
BfW	+ 04°
KdW	185°

2 $F\,(kn) = \frac{D\,(sm) \cdot 60}{t\,(min)} = \frac{4 \cdot 60}{48} = \underline{5\ kn.}$

3

	1. Peilung	2. Peilung
S↗	045°	090°
rwK	181°	181°
rw↗	226°	271°

4 Distanz zum *LT Kelds Nor:* 3,7 sm.
Man ist keinesfalls die Loggedistanz von 4 sm vom Leuchtturm entfernt, denn es liegt keine Vier-Strich-Peilung vor! Bei einer Vier-Strich-Peilung müssen die Seitenpeilungen von 45° bzw. 90° auf den Kartenkurs bezogen werden, will man die Besonderheit der Vierstrich-Peilung, nämlich Versegelung = Abstand zum Peilobjekt, erhalten. In unserem Fall wurde deshalb nichts anderes als eine Doppelpeilung durchgeführt, aber eben keine Verdoppelungspeilung.

5 *Dann* müßten beide Peilungen auf den KdW mit 45° bzw. 90° bezogen werden. Sie müßten also bei 49° bzw. bei 94° durchgeführt werden. Dann würde auch gelten, daß die zwischen den Peilungen zurückgelegte Distanz gleich dem Abstand zum LT ist.

6 $\varphi = 54°\ 43{,}8'$ N; $\lambda = 10°\ 49{,}7'$ E.

7

	KdW	158°
entg.	BfW	– 05°
	rwK	153°
entg.	Mw	+ 02°
	mwK	155°
entg.	δ	– 05°
	KpK	150°

8

	LT Kelds Nor	*Kr. Kappel*
Kp↗	310°	042°
δ	+ 05°	+ 05°
mw↗	315°	047°
Mw	– 02°	– 02°
rw↗	313°	045°

9 $\varphi = 54°\ 39{,}9'$ N; $\lambda = 10°\ 50{,}8'$ E.

10 Bv = 298° – 1,4 sm.
Den Koppelort für 16.45 h ermittelt man, indem man auf dem KdW 5 sm abträgt, da genau 1 Stunde seit der Kursänderung gesegelt wurde. Man erhält so also unmittelbar ein Stundendreieck.

11 In 1 Stunde wurden genau 4 sm über Grund zurückgelegt. Also: FüG = 4 kn.

12 KüG = 171°.

13 Strom: 298° – 1,4 sm/h.

14

KpK	075°	
δ	+ 10°	
mwK	085°	
Mw	– 02°	
rwK	083°	
BfW	– 05°	(nun linksdrehend!)
KdW	078°	

15 Durch Konstruktion des Stromdreiecks erhält man: KüG = 065°.

16 Im neuen Stromdreieck erhält man ebenfalls für FüG = 4 kn.

17 Zum Loggestand bei der Kursänderung um 15.45 h ist der Weg durch Wasser von 5 sm, nicht der Weg über Grund von 4 sm, zu addieren. Man erhält: 37,4.

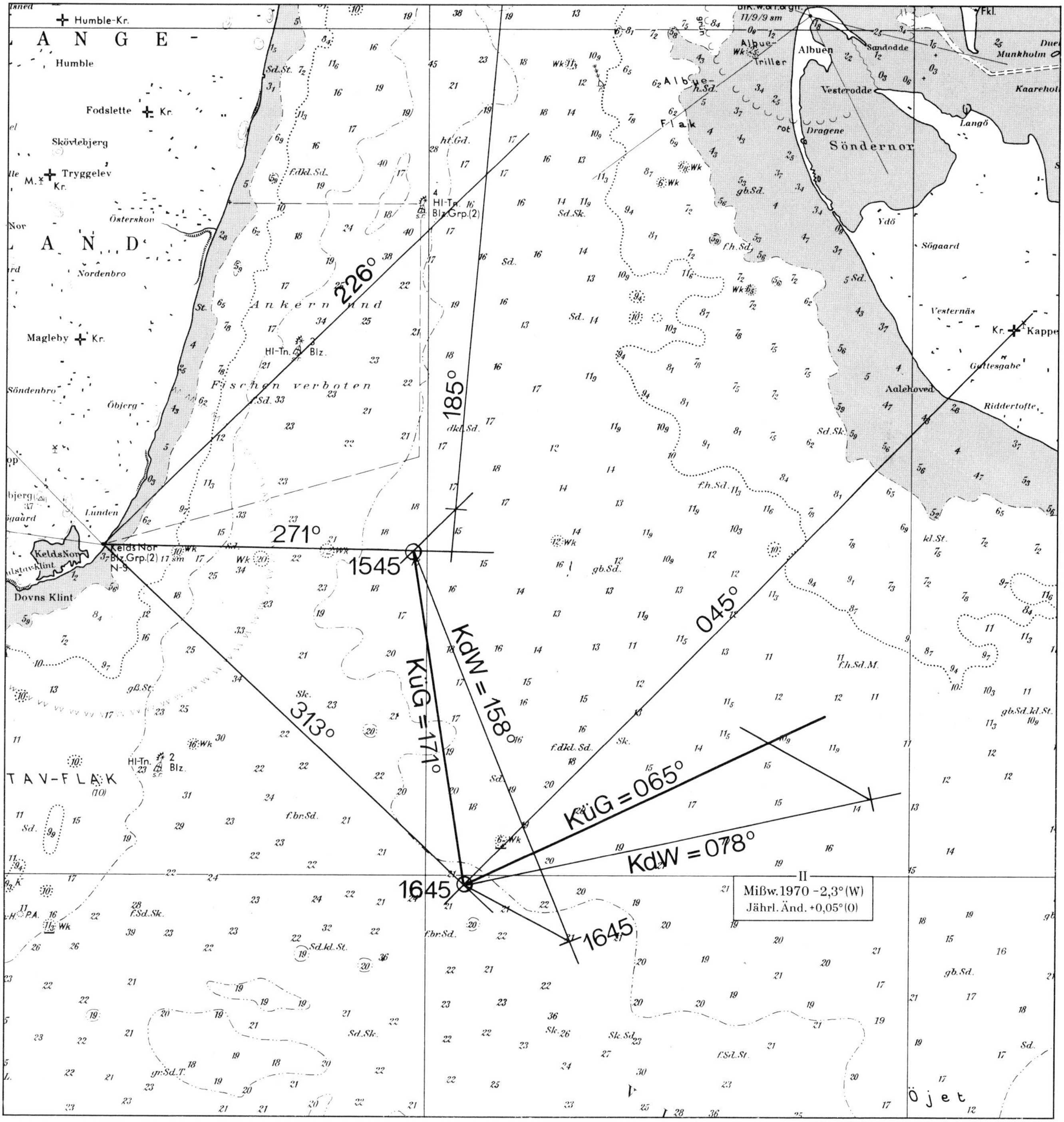

Humble-Kr.
LANGE-
Humble
Fodslette Kr.
Skövlebjerg
Tryggelev Kr.
Österskov
LAND
Nordenbro
Magleby Kr.
Söndenbro
Öbjerg
Lunden
Keldsnor
Keldsnor Blz.Grp.(2) 17 sm
Dovns Klint
TAV-FLAK
Ankerund
Fischen verboten
Hl-Tn. Blz.Grp.(2)
Hl-Tn. 3 Blz.
Hl-Tn. 2 Blz.
Albue-Flak
Albuen
Søndodde
Munkholm
Vesterodde
Söndernor
Langö
Ydö
Sögaard
Vesternäs
Kr. Kappel
Guttesgabe
Aalehoved
Riddertofte
Öjet
226°
185°
271°
1545
313°
KüG = 171°
KdW = 158°
045°
KüG = 065°
KdW = 078°
1645
1645
Mißw. 1970 -2,3° (W)
Jährl. Änd. +0,05° (O)

Anhang: Auszüge aus der nautischen Literatur

Nummer Int. Nr.	Name Feuerträger (Höhe über Erdboden) Breite: N Länge: O	**Kennung-Wdk., Tw. (Sw.) sm, Höhe** Zeitmaße • Sektoren • Bemerkungen
01000 C 1108	**Falshöft** weißer Turm mit rotem Band, rote Laterne (24 m), S-lich der Huk 54° 46′ 9° 58′	**Ubr. (2) w/r/gn.-16ˢ 18/15/14 (15) sm 25 m** (1)+3+(1)+11ˢ r. 133°—154, w. —159,5, gn. —195, r. —253, w. —320,5, r. —347°
01005 C 1100	**Gammel-Pöl** w., runder Turm (11 m) mit r. Band 54° 53′ 10° 04′	**Ubr. (3) w/r/gn.-15 s 14/10/10 sm 20 m** (2)+1+(2)+1+(2)+7 s w. 166,5°—320, r. —8, gn. —36,5, w. —49, r. —166,5°
01010 C 1104	**Kegnäs** gelber, runder Turm (18 m), auf der S-Huk von Alsen (Dän.) 54° 51′ 9° 59′	**Ubr. w/r/gn.-5ˢ 14/10/10 sm 32 m** (1)+4ˢ r. 217°—266,5, gn. —273, w. —289,5, r. —337, gn. —26, w. —44, r. —50,5, gn. —75, w. —80, r. —102,5°
01040 C 1113	**Kalkgrund** roter, runder Turm mit 2 weißen Bändern, 3 Galerien, flaches Dach (24 m), angestrahlt 54° 50′ 9° 53′	**F. w/r/gn. 17/16/13 (14) sm 23 m** **Blz. (2)-9ˢ 19 (14) sm** **Blz. (3)-12ˢ 19 (14) sm** Blz. (2): 0,7+(2,3)+0,7+(5,3)ˢ Blz. (3): 0,7+(2,3)+0,7+(2,3)+0,7+(5,3)ˢ Als F.: w. 22°—70, r. —82, w. —100,5, gn. —119,5, w. —132, r. —157,5, w. —190, r. —230, gn. —258, w. —265, r. —287, Blz. (3) —295, F. —303, Blz. (2) —314, F. r. —22° **N-S. Mo.(FS)-30ˢ** Membransender 13,5+(16,5)ˢ Tonhöhe 300 N-Such-F.: **Fkl.**, 200 Blitze in 1ᵐ, an der SW-Seite der oberen Galerie
28000 C 1082	**Vejsnäs Nakke** grauer Gitterturm (9 m), auf der Huk 54° 49′ 10° 26′	**Blz. (3) w/r/gn.-8ˢ 7/4/4 sm 24 m** 0,5+(0,5)+0,5+(0,5)+0,5+(5,5)ˢ gn. 210°—270, w. —337, r. —352, gn. —7, w. —210°

Ausschnitte aus dem Leuchtfeuerverzeichnis

Bundesrepublik Deutschland — Kieler Förde 13

Nummer Int. Nr.	Name Feuerträger (Höhe über Erdboden) Breite: N — Länge: O	**Kennung-Wdk., Tw. (Sw.) sm, Höhe** Zeitmaße • Sektoren • Bemerkungen
02500 C 1215	**Kiel, Leuchtturm** roter, runder Turm mit weißem Band (30 m) auf einem etwa 50 m nach S und W verlaufenden grauen Unterbau, angestrahlt 54° 30′ — 10° 16′	**Glt. w/r/gn.-6^s 19/15/14 (16) sm 29 m** w. 148,5°—220, r. —246,5, w. —295, r. —358, w. —25,5, gn. —56, r. 71—88, w. —91,3, gn. —148,5° Während der Dauer einer Funkbeschickung auch am Tage **N-S. Mo. (KI)-30^s** Membransender 15+(15)^s Tonhöhe 300 N-Such-F.: **Fkl.**, 200 Blitze in 1 min, an der SW-Seite der oberen Galerie
02560 C 1216	**Bülk** weißer Turm mit schwarzem Band und 2 Galerien (25 m), Wärter- und N-S-Gebäude, auf der Huk 54° 27′ — 10° 12′	**Blz. w/r/gn.-3^s 14/11/10 sm 29 m** 0,7+(2,3)^s w. 127°—146, r. —213, gn. —228, w. —235,5, r. —238,5, w. —262, gn. —43° **N-S. Mo. (B)-33^s** Membransender 12+(21)^s Tonhöhe 300
01780 C 1186	**Schleimünde, N-Mole, Kopf** weißer, runder Turm mit schwarzem Band (14 m), angestrahlt, S-lich vom weißen Wärter- und Lotsengebäude 54° 40′ — 10° 02′	**Blk. (3) w/r.-20^s (12) sm 15 m** 2+(3)+2+(3)+2+(8)^s r. 144,5°—201 (Tw. = 11 sm), w. —275 (Tw. = 14 sm), w. —296 (Tw. = 12 sm), **r. —6 (Tw. = 11 sm),** w. —144,5° (Tw. = 6 sm) **N-S. Mo. (SN)-30^s** Membransender 13+(17)^s Tonhöhe 300 N-Such-F.: Blz.-10^s, an der W-Seite des Lotsenhauses Tz. der Bake auf dem S-Molenkopf wird angestrahlt

Die beim Namen des Feuerträgers angegebene **Höhe über dem Erdboden** ist bei Leuchttürmen die Höhe des Dachfirstes, bei Leuchtbaken die Höhe des Toppzeichens über dem Erdboden.

Die in der letzten Spalte angegebene **Höhe des Leuchtfeuers** ist die Höhe der Lichtquelle in Gezeitengewässern über mittlerem Hochwasser, in der Ostsee über mittlerem Wasserstand.

Richtungsangaben der einzelnen Sektoren eines Feuers sind stets rechtsherum zählend und von See bzw. vom Schiff aus angegeben.

Tafel 10. Höhenwinkel in Minuten

Abstand	Höhe in Metern														
sm	2	4	6	8	10	12	14	16	18	20	22	24	26	28	30
0,5	7,4	14,8	22,3	29,7	37,1	44,5	52,0	59,4	66,8	74	81	89	97	104	111
1,0	3,7	7,4	11,1	14,8	18,6	22,3	26,0	29,7	33,4	37	41	45	48	52	56
1,5	2,5	4,9	7,4	9,9	12,4	14,8	17,3	19,8	22,3	25	27	30	32	35	37
2,0	1,9	3,7	5,6	7,4	9,3	11,1	13,0	14,8	16,7	19	20	22	24	26	28
2,5	1,5	3,0	4,5	5,9	7,4	8,9	10,4	11,9	13,4	14,8	16,3	17,8	19,3	20,8	22,3
3,0	1,2	2,5	3,7	4,9	6,2	7,4	8,7	9,9	11,1	12,4	13,6	14,8	16,1	17,3	18,6
3,5	1,1	2,1	3,2	4,2	5,3	6,4	7,4	8,5	9,5	10,6	11,7	12,7	13,8	14,8	15,9
4,0	0,9	1,9	2,8	3,7	4,6	5,6	6,5	7,4	8,4	9,3	10,2	11,1	12,1	13,0	13,9
4,5	0,8	1,7	2,5	3,3	4,1	5,0	5,8	6,6	7,4	8,3	9,1	9,9	10,7	11,6	12,4
5,0	0,7	1,5	2,2	3,0	3,7	4,4	5,2	5,9	6,7	7,4	8,2	8,9	9,7	10,4	11,1
5,5	0,7	1,4	2,0	2,7	3,4	4,1	4,7	5,4	6,1	6,8	7,4	8,1	8,8	9,5	10,1
6,0	0,6	1,2	1,9	2,5	3,1	3,7	4,3	4,9	5,6	6,2	6,8	7,4	8,0	8,7	9,3
6,5	0,6	1,1	1,7	2,3	2,9	3,4	4,0	4,6	5,1	5,7	6,3	6,9	7,4	8,0	8,6
7,0	0,5	1,1	1,6	2,1	2,7	3,2	3,7	4,2	4,8	5,3	5,8	6,4	6,9	7,4	8,0
7,5	0,5	1,0	1,5	2,0	2,5	3,0	3,5	4,0	4,5	5,0	5,4	5,9	6,4	6,9	7,4
8,0	0,5	0,9	1,4	1,9	2,3	2,8	3,2	3,7	4,2	4,6	5,1	5,6	6,0	6,5	7,0
9,0	0,4	0,8	1,2	1,7	2,1	2,5	2,9	3,3	3,7	4,1	4,5	5,0	5,4	5,8	6,2
10,0	0,4	0,7	1,1	1,5	1,9	2,2	2,6	3,0	3,3	3,7	4,1	4,5	4,8	5,2	5,6

	Höhe in Metern														
	32	34	36	38	40	42	44	46	48	50	52	54	56	58	60
0,5	119	126	134	141	148	156	163	171	178	186	193	200	208	215	223
1,0	59	63	67	71	74	78	82	85	89	93	97	100	104	108	111
1,5	40	42	45	47	49	52	54	57	59	62	64	67	69	72	74
2,0	30	32	33	35	37	39	41	43	45	46	48	50	52	54	56
2,5	24	25	27	28	30	31	33	34	36	37	39	40	42	43	45
3,0	20	21	22	23	25	26	27	28	30	31	32	33	35	36	37
3,5	17,0	18,0	19,1	20,2	21,2	22,3	23,3	24,4	25,5	26,5	27,6	28,6	29,7	30,8	31,8
4,0	14,8	15,8	16,7	17,6	18,6	19,5	20,4	21,3	22,3	23,2	24,1	25,1	26,0	26,9	27,8
4,5	13,2	14,0	14,9	15,7	16,5	17,3	18,2	19,0	19,8	20,6	21,5	22,3	23,1	23,9	24,8
5,0	11,9	12,6	13,4	14,1	14,9	15,6	16,3	17,1	17,8	18,6	19,3	20,0	20,8	21,5	22,3
5,5	10,8	11,5	12,2	12,8	13,5	14,2	14,9	15,5	16,2	16,9	17,6	18,2	18,9	19,6	20,3
6,0	9,9	10,5	11,1	11,8	12,4	13,0	13,6	14,3	14,8	15,5	16,1	16,7	17,3	17,9	18,6
6,5	9,1	9,7	10,3	10,9	11,4	12,0	12,6	13,1	13,7	14,3	14,9	15,4	16,0	16,6	17,1
7,0	8,5	9,0	9,5	10,1	10,6	11,1	11,7	12,2	12,7	13,3	13,8	14,3	14,9	15,4	15,9
7,5	7,9	8,4	8,9	9,4	9,9	10,4	10,9	11,4	11,9	12,4	12,9	13,4	13,9	14,4	14,9
8,0	7,4	7,9	8,4	8,8	9,3	9,7	10,2	10,7	11,1	11,6	12,1	12,5	13,0	13,5	13,9
9,0	6,6	7,0	7,4	7,8	8,3	8,7	9,1	9,5	9,9	10,3	10,7	11,1	11,6	12,0	12,4
10,0	5,9	6,3	6,7	7,1	7,4	7,8	8,2	8,5	8,9	9,3	9,7	10,0	10,4	10,8	11,1

	Höhe in Metern														
	62	64	66	68	70	72	74	76	78	80	82	84	86	88	90
0,5	230	238	245	252	260	267	275	282	290	297	304	312	319	327	334
1,0	115	119	123	126	130	134	137	141	145	148	152	156	160	163	167
1,5	77	79	82	84	87	89	92	94	97	99	101	104	106	109	111
2,0	58	59	61	63	65	67	69	71	72	74	76	78	80	82	84
2,5	46	48	49	50	52	53	55	56	58	59	61	62	64	65	67
3,0	38	40	41	42	43	44	46	47	48	49	51	52	53	54	56
3,5	33	34	35	36	37	38	39	40	41	42	43	44	46	47	48
4,0	29	30	31	32	33	33	34	35	36	37	38	39	40	41	42
4,5	26	26	27	28	29	30	30	31	32	33	34	35	36	36	37
5,0	23,0	23,8	24,5	25,2	26,0	26,7	27,5	28,2	29,0	29,7	30,4	31,2	31,9	32,7	33,4
5,5	20,9	21,6	22,3	23,0	23,6	24,3	25,0	25,7	26,3	27,0	27,7	28,4	29,0	29,7	30,4
6,0	19,2	19,8	20,4	21,0	21,7	22,3	22,9	23,5	24,1	24,7	25,4	26,0	26,6	27,2	27,8
6,5	17,7	18,3	18,8	19,4	20,0	20,6	21,1	21,7	22,3	22,8	23,4	24,0	24,6	25,1	25,7
7,0	16,4	17,0	17,5	18,0	18,6	19,1	19,6	20,2	20,7	21,2	21,7	22,3	22,8	23,3	23,9
7,5	15,3	15,8	16,3	16,8	17,3	17,8	18,3	18,8	19,3	19,8	20,3	20,8	21,3	21,8	22,3
8,0	14,4	14,8	15,3	15,8	16,2	16,7	17,2	17,6	18,1	18,6	19,0	19,5	20,0	20,4	20,9
9,0	12,8	13,2	13,6	14,0	14,4	14,9	15,3	15,7	16,1	16,5	16,9	17,3	17,7	18,2	18,6
10,0	11,5	11,9	12,3	12,6	13,0	13,4	13,7	14,1	14,5	14,8	15,2	15,6	16,0	16,3	16,7

Tafel 26

Mittlere Kimmtiefe.

Augeshöhe	Kimmtiefe
m	
0,5	1,3
1,0	1,8
1,5	2,2
2,0	2,5
2,5	2,8
3,0	3,1
3,5	3,3
4,0	3,6
4,5	3,8
5,0	4,0
6	4,4
7	4,7
8	5,0
9	5,3
10	5,6

Ausschnitte aus Fulst, Nautische Tafeln

Vertrieb von nautischen Karten und Büchern

Die durch die Schiffsicherheitsverordnung (SSV) vom 9. 10. 72 — BGBl. I S. 1933 — für die Ausrüstung und Verwendung in der Seeschiffahrt vorgeschriebenen und vom Deutschen Hydrographischen Institut herausgegebenen nautischen Karten und Bücher werden nur von den nachfolgend aufgeführten Vertriebsstellen und deren Auslieferungsstellen verkauft:

Bade & Hornig, Deutsches Seekarten-Berichtigungsinstitut
2000 Hamburg 11, Stubbenhuk 10, Postfach 112 045, Tel.: 36 45 87/88, Telex 02 13 136

Auslieferungsstellen:

Dietrich Reimer
1000 **Berlin 45,** Unter den Eichen 57, Tel.: 8 32 78 09

Georg Bening
2190 **Cuxhaven,** Abschnede 205, Postfach 160, Tel.: 2 60 11, Telex 02 32 171

Nautisch-technisches Büro oHG.,
2970 **Emden,** Friedrich-Ebert-Straße 78, Postfach 179, Tel.: 2 04 54,
Telex 02 7 843

HANÖ, Nautische Schiffsausrüstungen
2400 **Lübeck,** Wall-Halbinsel 47, Tel.: 73 23

Buchhandlung Wilhelm Nitz oHG.
2407 **Travemünde,** Rose 2, Postfach 4030, Tel.: 28 68

Eckardt & Messtorff
2000 Hamburg 11, Rödingsmarkt 16, Tel.: 36 43 74, Telex 02 163 639 mess

Nautischer Dienst, Kapitän Stegmann & Co.
2300 Kiel-Holtenau, Schleuse, Tel.: 33 17 72, Telex 02 92 450

Auslieferungsstellen:

Flensburger Yacht-Service, Kapt. L. Köhler KG.
2390 **Flensburg,** Am Industriehafen, Tel.: 2 85 36

Alfred Steinmetz, Sportschiffahrt-Ausrüster
3500 **Kassel-Bettenhausen,** Leipziger Str. 349/351
Postfach 167, Tel.: 51 29 05, Telex 99 661 impex d.

Buchhandlung Gerhard Schneider
2300 **Kiel,** Holstenstr. 106/108, Tel.: 4 90 13

Buchhandlung Karl Liesegang
2380 **Schleswig,** Stadtweg 8, Postfach 1349, Tel.: 2 31 18

Thomas Thomsen
2390 **Flensburg,** Schiffbrücke 40, Tel.: 2 32 62 u. 2 93 75

„Seekarte", Kapitän A. Dammeyer
2800 Bremen 1, Korffsdeich 3, vor dem Europahafen, Tel.: 38 05 51/52

Auslieferungsstellen:

Aug. Graue Nachf. KG, Schiffsausrüstungen
2850 **Bremerhaven-F,** Am Fischkai, Tel.: 7 29 41

Ferdinand Ditzen KG.
4000 **Düsseldorf 1,** Marktstr. 11, Tel.: 36 54 62, Telex 08 582 496

Fritz Venske GmbH
2981 **Norddeich,** Postfach 1164, Tel.: Norden 26 01

Rose am Stau oHG., Yacht- und Schiffsausrüstungen
2900 **Oldenburg 1,** Am Stau 25/27, Postfach 1065, Tel.: 2 63 73

Lohse-Eissing
2940 **Wilhelmshaven,** Marktstr. 38, Postfach 846, Tel.: 4 16 87

Deviationstabelle

Ablenkungstafel		Steuertafel	
KpK	Dev.	mwK	Dev.
0	— 2	0	— 2
10	+ 1	10	+ 1
20	+ 3	20	+ 3
30	+ 5	30	+ 5
40	+ 7	40	+ 6
50	+ 8	50	+ 7
60	+ 9	60	+ 8
70	+ 10	70	+ 9
80	+ 10	80	+ 10
90	+ 10	90	+ 10
100	+ 9	100	+ 10
110	+ 8	110	+ 9
120	+ 7	120	+ 8
130	+ 6	130	+ 7
140	+ 6	140	+ 6
150	+ 5	150	+ 5
160	+ 4	160	+ 5
170	+ 3	170	+ 3
180	+ 2	180	+ 2
190	+ 2	190	+ 2
200	+ 1	200	+ 1
210	— 1	210	— 1
220	— 2	220	— 2
230	— 3	230	— 3
240	— 4	240	— 4
250	— 5	250	— 6
260	— 6	260	— 7
270	— 8	270	— 9
280	— 9	280	— 10
290	— 9	290	— 10
300	— 10	300	— 10
310	— 10	310	— 9
320	— 9	320	— 8
330	— 8	330	— 7
340	— 6	340	— 5
350	— 4	350	— 3
360	— 2	360	— 2

XXVI

Abstand eines Feuers in der Kimm (Sichtweite) in Seemeilen

Feuerhöhe in Meter	Augenhöhe in Meter 0	1	2	3	4	5	6	7	8	9	10	11
2	2,9	5,0	5,9	6,5	7,1	7,6	8,0	8,4	8,8	9,1	9,5	9,8
4	4,1	6,2	7,1	7,7	8,3	8,8	9,2	9,6	10,0	10,4	10,7	11,0
6	5,1	7,1	8,0	8,7	9,2	9,7	10,1	10,5	10,9	11,3	11,6	11,9
8	5,9	7,9	8,8	9,4	10,0	10,5	10,9	11,3	11,7	12,1	12,4	12,7
10	6,5	8,6	9,5	10,1	10,7	11,2	11,6	12,0	12,4	12,8	13,1	13,4
12	7,2	9,2	10,1	10,8	11,3	11,8	12,2	12,6	13,0	13,4	13,7	14,0
14	7,7	9,8	10,7	11,3	11,9	12,4	12,8	13,2	13,6	14,0	14,3	14,6
16	8,3	10,4	11,2	11,9	12,4	12,9	13,3	13,8	14,1	14,5	14,8	15,1
18	8,8	10,9	11,7	12,4	12,9	13,4	13,9	14,3	14,6	15,0	15,3	15,6
20	9,3	11,3	12,2	12,8	13,4	13,9	14,3	14,7	15,1	15,5	15,8	16,1
22	9,7	11,8	12,6	13,3	13,8	14,3	14,8	15,2	15,6	15,9	16,3	16,6
24	10,1	12,2	13,1	13,7	14,3	14,8	15,2	15,6	16,0	16,4	16,7	17,0
26	10,6	12,6	13,5	14,1	14,7	15,2	15,6	16,0	16,4	16,8	17,1	17,4
28	11,0	13,0	13,9	14,5	15,1	15,6	16,0	16,4	16,8	17,2	17,5	17,8
30	11,3	13,4	14,3	14,9	15,5	16,0	16,4	16,8	17,2	17,5	17,9	18,2
32	11,7	13,8	14,6	15,3	15,8	16,3	16,8	17,2	17,6	17,9	18,3	18,6
34	12,1	14,1	15,0	15,7	16,2	16,7	17,1	17,5	17,9	18,3	18,6	18,9
36	12,4	14,5	15,3	16,0	16,6	17,0	17,5	17,9	18,3	18,6	19,0	19,3
38	12,8	14,8	15,7	16,3	16,9	17,4	17,8	18,2	18,6	19,0	19,3	19,6
40	13,1	15,2	16,0	16,7	17,2	17,7	18,2	18,6	18,9	19,3	19,6	20,0
42	13,4	15,5	16,3	17,0	17,6	18,0	18,5	18,9	19,3	19,6	20,0	20,3
44	13,7	15,8	16,7	17,3	17,9	18,4	18,8	19,2	19,6	19,9	20,3	20,6
46	14,0	16,1	17,0	17,6	18,2	18,7	19,1	19,5	19,9	20,2	20,6	20,9
48	14,3	16,4	17,3	17,9	18,5	19,0	19,4	19,8	20,2	20,6	20,9	21,2
50	14,6	16,7	17,6	18,2	18,8	19,3	19,7	20,1	20,5	20,8	21,2	21,5
55	15,4	17,4	18,3	18,9	19,5	20,0	20,4	20,8	21,2	21,6	21,9	22,2
60	16,0	18,1	19,0	19,6	20,2	20,7	21,1	21,5	21,9	22,2	22,6	22,9
65	16,7	18,8	19,6	20,3	20,8	21,3	21,8	22,2	22,5	22,9	23,2	23,6
70	17,3	19,4	20,2	20,9	21,5	21,9	22,4	22,8	23,2	23,5	23,9	24,2
75	17,9	20,0	20,9	21,5	22,1	22,6	23,0	23,4	23,8	24,1	24,5	24,8
80	18,5	20,6	21,4	22,1	22,7	23,1	23,6	24,0	24,4	24,7	25,1	25,4
85	19,1	21,2	22,0	22,7	23,2	23,7	24,2	24,6	24,9	25,3	25,6	26,0
90	19,6	21,7	22,6	23,2	23,8	24,3	24,7	25,1	25,5	25,8	26,2	26,5
95	20,2	22,2	23,1	23,8	24,3	24,8	25,2	25,7	26,0	26,4	26,7	27,0
100	20,7	22,8	23,6	24,3	24,8	25,3	25,8	26,2	26,6	26,9	27,2	27,6
110	21,7	23,8	24,6	25,3	25,9	26,3	26,8	27,2	27,6	27,9	28,3	28,6
120	22,7	24,7	25,6	26,3	26,8	27,3	27,7	28,2	28,5	28,9	29,2	29,5
130	23,6	25,7	26,5	27,2	27,7	28,2	28,7	29,1	29,5	29,8	30,1	30,5
140	24,5	26,6	27,4	28,1	28,6	29,1	29,6	30,0	30,3	30,7	31,0	31,4
150	25,4	27,4	28,3	28,9	29,5	30,0	30,4	30,8	31,2	31,6	31,9	32,2
160	26,2	28,3	29,1	29,8	30,3	30,8	31,3	31,7	32,0	32,4	32,7	33,0
170	27,0	29,1	29,9	30,6	31,1	31,6	32,1	32,5	32,8	33,2	33,5	33,9
180	27,8	29,8	30,7	31,4	31,9	32,4	32,8	33,2	33,6	34,0	34,3	34,6
190	28,5	30,6	31,5	32,1	32,7	33,2	33,6	34,0	34,4	34,7	35,1	35,4
200	29,3	31,3	32,2	32,9	33,4	33,9	34,3	34,8	35,1	35,5	35,8	36,1

Ausschnitt aus dem Leuchtfeuerverzeichnis

Minuten	FAHRT IN KNOTEN																			
	0,5	1	1,5	2	2,5	3	3,5	4	4,5	5	5,5	6	6,5	7	7,5	8	8,5	9	9,5	10
1	0,0	0,0	0,0	0,0	0,0	0,1	0,1	0,1	0,1	0,1	0,1	0,1	0,1	0,1	0,1	0,1	0,1	0,2	0,2	0,2
2	0,0	0,0	0,1	0,1	0,1	0,1	0,1	0,1	0,1	0,2	0,2	0,2	0,2	0,2	0,3	0,3	0,3	0,3	0,3	0,3
3	0,0	0,1	0,1	0,1	0,1	0,2	0,2	0,2	0,2	0,3	0,3	0,3	0,3	0,4	0,4	0,4	0,4	0,5	0,5	0,5
4	0,0	0,1	0,1	0,1	0,2	0,2	0,2	0,3	0,3	0,3	0,4	0,4	0,4	0,5	0,5	0,5	0,6	0,6	0,6	0,7
5	0,0	0,1	0,1	0,2	0,2	0,3	0,3	0,3	0,4	0,4	0,5	0,5	0,5	0,6	0,6	0,7	0,7	0,8	0,8	0,8
6	0,1	0,1	0,2	0,2	0,3	0,3	0,4	0,4	0,5	0,5	0,6	0,6	0,7	0,7	0,8	0,8	0,9	0,9	1,0	1,0
7	0,1	0,1	0,2	0,2	0,3	0,4	0,4	0,5	0,5	0,6	0,6	0,7	0,8	0,8	0,9	0,9	1,0	1,1	1,1	1,2
8	0,1	0,1	0,2	0,3	0,3	0,4	0,5	0,5	0,6	0,7	0,7	0,8	0,9	0,9	1,0	1,1	1,1	1,2	1,3	1,3
9	0,1	0,2	0,2	0,3	0,4	0,5	0,5	0,6	0,7	0,8	0,8	0,9	1,0	1,1	1,1	1,2	1,3	1,4	1,4	1,5
10	0,1	0,2	0,3	0,3	0,4	0,5	0,6	0,7	0,8	0,8	0,9	1,0	1,1	1,2	1,3	1,3	1,4	1,5	1,6	1,7
11	0,1	0,2	0,3	0,4	0,5	0,6	0,6	0,7	0,8	0,9	1,0	1,1	1,2	1,3	1,4	1,5	1,6	1,7	1,7	1,8
12	0,1	0,2	0,3	0,4	0,5	0,6	0,7	0,8	0,9	1,0	1,1	1,2	1,3	1,4	1,5	1,6	1,7	1,8	1,9	2,0
13	0,1	0,2	0,3	0,4	0,5	0,7	0,8	0,9	1,0	1,1	1,2	1,3	1,4	1,5	1,6	1,7	1,8	2,0	2,1	2,2
14	0,1	0,2	0,4	0,5	0,6	0,7	0,8	0,9	1,1	1,2	1,3	1,4	1,5	1,6	1,8	1,9	2,0	2,1	2,2	2,3
15	0,1	0,2	0,4	0,5	0,6	0,8	0,9	1,0	1,1	1,3	1,4	1,5	1,6	1,8	1,9	2,0	2,1	2,3	2,4	2,5
16	0,1	0,3	0,4	0,5	0,7	0,8	0,9	1,1	1,2	1,3	1,5	1,6	1,7	1,9	2,0	2,1	2,3	2,4	2,5	2,7
17	0,1	0,3	0,4	0,6	0,7	0,9	1,0	1,1	1,3	1,4	1,6	1,7	1,9	2,0	2,1	2,3	2,4	2,6	2,7	2,8
18	0,2	0,3	0,5	0,6	0,8	0,9	1,1	1,2	1,4	1,5	1,7	1,8	2,0	2,1	2,3	2,4	2,6	2,7	2,8	3,0
19	0,2	0,3	0,5	0,6	0,8	1,0	1,1	1,3	1,4	1,6	1,8	1,9	2,1	2,2	2,4	2,5	2,7	2,9	3,0	3,2
20	0,2	0,3	0,5	0,7	0,8	1,0	1,2	1,3	1,5	1,7	1,8	2,0	2,2	2,3	2,5	2,7	2,8	3,0	3,2	3,3
21	0,2	0,3	0,5	0,7	0,9	1,1	1,2	1,4	1,6	1,8	1,9	2,1	2,3	2,5	2,6	2,8	3,0	3,2	3,3	3,5
22	0,2	0,4	0,6	0,7	0,9	1,1	1,3	1,5	1,7	1,9	2,0	2,2	2,4	2,6	2,8	2,9	3,1	3,3	3,5	3,7
23	0,2	0,4	0,6	0,8	1,0	1,2	1,4	1,5	1,7	1,9	2,1	2,3	2,5	2,7	2,9	3,1	3,3	3,5	3,6	3,8
24	0,2	0,4	0,6	0,8	1,0	1,2	1,4	1,6	1,8	2,0	2,2	2,4	2,6	2,8	3,0	3,2	3,4	3,6	3,8	4,0
25	0,2	0,4	0,6	0,8	1,1	1,3	1,5	1,7	1,9	2,1	2,3	2,5	2,7	2,9	3,1	3,3	3,5	3,8	3,9	4,2
26	0,2	0,4	0,7	0,9	1,1	1,3	1,5	1,7	2,0	2,2	2,4	2,6	2,8	3,1	3,3	3,5	3,7	3,9	4,1	4,3
27	0,2	0,4	0,7	0,9	1,1	1,4	1,6	1,8	2,0	2,3	2,5	2,7	2,9	3,2	3,4	3,6	3,8	4,1	4,3	4,5
28	0,2	0,5	0,7	0,9	1,2	1,4	1,6	1,9	2,1	2,4	2,6	2,8	3,1	3,3	3,5	3,7	4,0	4,2	4,4	4,7
29	0,2	0,5	0,7	1,0	1,2	1,5	1,7	1,9	2,2	2,4	2,7	2,9	3,2	3,4	3,6	3,9	4,1	4,4	4,6	4,8
30	0,3	0,5	0,8	1,0	1,3	1,5	1,8	2,0	2,3	2,5	2,8	3,0	3,3	3,5	3,8	4,0	4,3	4,5	4,8	5,0
31	0,3	0,5	0,8	1,0	1,3	1,6	1,8	2,1	2,3	2,6	2,9	3,1	3,4	3,6	3,9	4,1	4,4	4,7	4,9	5,2
32	0,3	0,5	0,8	1,1	1,3	1,6	1,9	2,2	2,4	2,7	3,0	3,2	3,5	3,8	4,0	4,3	4,5	4,8	5,1	5,3
33	0,3	0,5	0,8	1,1	1,4	1,7	1,9	2,2	2,5	2,8	3,1	3,3	3,6	3,9	4,1	4,4	4,7	5,0	5,2	5,5
34	0,3	0,6	0,9	1,1	1,4	1,7	2,0	2,3	2,6	2,9	3,1	3,4	3,7	4,0	4,3	4,5	4,8	5,1	5,4	5,7
35	0,3	0,6	0,9	1,2	1,5	1,8	2,1	2,4	2,6	2,9	3,2	3,5	3,8	4,1	4,4	4,7	5,0	5,3	5,5	5,8
36	0,3	0,6	0,9	1,2	1,5	1,8	2,1	2,4	2,7	3,0	3,3	3,6	3,9	4,2	4,5	4,8	5,1	5,4	5,7	6,0
37	0,3	0,6	0,9	1,2	1,6	1,9	2,2	2,5	2,8	3,1	3,4	3,7	4,0	4,3	4,6	4,9	5,2	5,6	5,9	6,2
38	0,3	0,6	1,0	1,3	1,6	1,9	2,2	2,6	2,9	3,2	3,5	3,8	4,1	4,5	4,8	5,1	5,4	5,7	6,0	6,3
39	0,3	0,6	1,0	1,3	1,6	2,0	2,3	2,6	3,0	3,3	3,6	3,9	4,3	4,6	4,9	5,2	5,5	5,9	6,2	6,5
40	0,3	0,7	1,0	1,3	1,7	2,0	2,4	2,7	3,0	3,4	3,7	4,0	4,4	4,7	5,0	5,3	5,7	6,0	6,3	6,7
41	0,3	0,7	1,0	1,4	1,7	2,1	2,4	2,8	3,1	3,5	3,8	4,1	4,5	4,8	5,1	5,5	5,8	6,2	6,5	6,8
42	0,4	0,7	1,1	1,4	1,8	2,1	2,5	2,8	3,2	3,5	3,9	4,2	4,6	4,9	5,3	5,6	6,0	6,3	6,6	7,0
43	0,4	0,7	1,1	1,4	1,8	2,2	2,5	2,9	3,3	3,6	4,0	4,3	4,7	5,0	5,4	5,7	6,1	6,5	6,8	7,2
44	0,4	0,7	1,1	1,5	1,9	2,2	2,6	3,0	3,3	3,7	4,1	4,4	4,8	5,2	5,5	5,9	6,2	6,6	6,9	7,3
45	0,4	0,7	1,1	1,5	1,9	2,3	2,7	3,0	3,4	3,8	4,2	4,5	4,9	5,3	5,6	6,0	6,4	6,8	7,1	7,5
46	0,4	0,8	1,2	1,6	1,9	2,3	2,7	3,1	3,5	3,9	4,3	4,6	5,0	5,4	5,8	6,1	6,5	6,9	7,3	7,7
47	0,4	0,8	1,2	1,6	2,0	2,4	2,8	3,2	3,6	4,0	4,3	4,7	5,1	5,5	5,9	6,3	6,7	7,1	7,4	7,8
48	0,4	0,8	1,2	1,6	2,0	2,4	2,8	3,2	3,6	4,0	4,4	4,8	5,2	5,6	6,0	6,4	6,8	7,2	7,6	8,0
49	0,4	0,8	1,2	1,6	2,1	2,5	2,9	3,3	3,7	4,1	4,5	4,9	5,3	5,7	6,1	6,5	6,9	7,4	7,7	8,2
50	0,4	0,8	1,3	1,7	2,1	2,5	2,9	3,4	3,8	4,2	4,6	5,0	5,5	5,9	6,3	6,7	7,1	7,5	7,9	8,3
51	0,4	0,8	1,3	1,7	2,1	2,6	3,0	3,4	3,9	4,3	4,7	5,1	5,6	6,0	6,4	6,8	7,2	7,7	8,1	8,5
52	0,4	0,9	1,3	1,8	2,2	2,6	3,1	3,5	3,9	4,4	4,8	5,2	5,7	6,1	6,5	6,9	7,4	7,8	8,2	8,7
53	0,4	0,9	1,3	1,8	2,2	2,7	3,1	3,6	4,0	4,5	4,9	5,3	5,8	6,2	6,7	7,1	7,5	8,0	8,4	8,8
54	0,5	0,9	1,4	1,8	2,3	2,7	3,2	3,6	4,1	4,5	4,9	5,4	5,9	6,3	6,8	7,2	7,7	8,1	8,5	9,0
55	0,5	0,9	1,4	1,9	2,3	2,8	3,2	3,7	4,2	4,6	5,0	5,5	6,0	6,5	6,9	7,3	7,8	8,3	8,7	9,2
56	0,5	0,9	1,4	1,9	2,4	2,8	3,3	3,8	4,2	4,7	5,1	5,6	6,1	6,6	7,0	7,4	7,9	8,4	8,8	9,3
57	0,5	0,9	1,4	1,9	2,4	2,9	3,4	3,8	4,3	4,8	5,2	5,7	6,2	6,7	7,2	7,6	8,1	8,6	9,0	9,5
58	0,5	1,0	1,5	2,0	2,4	2,9	3,4	3,9	4,4	4,9	5,3	5,8	6,3	6,8	7,3	7,7	8,2	8,7	9,2	9,7
59	0,5	1,0	1,5	2,0	2,5	3,0	3,5	4,0	4,5	5,0	5,4	5,9	6,4	6,9	7,4	7,9	8,4	8,9	9,3	9,8
60	0,5	1,0	1,5	2,0	2,5	3,0	3,5	4,0	4,5	5,0	5,5	6,0	6,5	7,0	7,5	8,0	8,5	9,0	9,5	10,0